职业教育"十三五"规划教材

# 电工基本技能
# 项目化实训指导

马克联　张宏　主编
陈恩　付德光　副主编

U0299085

化学工业出版社

·北京·

本书主要内容包括安全用电、电工测量、常用电工材料、电工基础实验、常用电工工具仪表的使用、导线的连接和绝缘的恢复、焊接技能初步知识、常用电器认识、配电板和电度表的安装和使用、配电板和电度表的安装及使用、线管照明线路的安装、护套线照明电路的安装、低压电器整修、三相异步电动机综合测试、三相异步电动机控制线路安装等。

本书可供高等职业院校、技师学院、中等职业学校的电气、机电、数控、汽车电子等专业选用，也可作为其他专业一体化教学的教材或参考书。

**图书在版编目（CIP）数据**

电工基本技能项目化实训指导/马克联，张宏主编．
北京：化学工业出版社，2018.9
职业教育"十三五"规划教材
ISBN 978-7-122-32773-4

Ⅰ．①电…　Ⅱ．①马…②张…　Ⅲ．①电工技术-职业
教育-教材　Ⅳ．①TM

中国版本图书馆 CIP 数据核字（2018）第 173973 号

责任编辑：潘新文
责任校对：边　涛　　　　　　　　　装帧设计：韩　飞

出版发行：化学工业出版社(北京市东城区青年湖南街 13 号　邮政编码 100011)
印　　装：河北鹏润印刷有限公司
787mm×1092mm　1/16　印张 11½　字数 254 千字　2019 年 1 月北京第 3 版第 1 次印刷

购书咨询：010-64518888　　售后服务：010-64518899
网　　址：http://www.cip.com.cn
凡购买本书，如有缺损质量问题，本社销售中心负责调换。

定　　价：26.80 元

# 前　言

　　随着职业教育教学内容和课程体系调整改革的不断深化，项目化、任务式的教学手段得到越来越广泛的应用，与之相适应，职业院校电工技能实训教学也发生了很大变化。为了适应这种形势，我们根据几年来的实践教学经验编写了这本电工基本技能项目化实训指导教材，教材内容采用项目化和任务式的结构模式，将电工技能实训教学内容结合国家职业技能鉴定标准设计成一个个具体的任务，围绕工作任务来选择和组织相关知识点，给出具体实施步骤，并附有操作技能训练评分表，方便学校组织教学。

　　鉴于各职业院校自身条件和实际学时安排不同，本书中对实验仪器设备以及实训场所等未作统一要求，各学校可根据具体情况安排实训内容，选择实训设备和场所，学时数可灵活掌握。教学方式可采用独立设课，每周用两学时进行基础知识及基础实验的教学，前后各设两周的集中实训，分别进行基础和综合实训，或者按内容调整次序进行实训。本书也可以作为"电工技术基础"课程的配套辅助教材，基础部分与理论课同步穿插进行，最后进行综合实训。

　　本书可供高等职业院校、技师学院、中等职业学校的电气、机电、数控、汽车电子等专业选用，也可作为其他专业一体化教学的教材或参考书。

　　本书由马克联和张宏担任主编，陈恩、付德光任副主编。本书项目1由马克联、陈恩编写；项目2由张宏编写；项目3由付德光、陈恩、杨柳春编写；项目4的任务1、2、3由朱义书编写，任务4、5、6由李越、陈洁编写。全书由马克联、张宏统稿。

　　由于编者水平所限，书中难免存在不足之处，敬请广大读者批评指正。

编　者

2018 年 6 月

# 目 录

# 安全用电、电工测量、常用电工材料

**项目综述**

随着科学技术的迅猛发展，现代人类越来越多地使用着品种繁多的家用电器和电气设备，这些给人们的生活和生产带来了极大的便利。但在使用电能的过程中，仍存在着许许多多不注意安全用电的问题，极易造成人身触电伤亡或电气设备的损坏，甚至影响到电力系统的正常运行，造成大面积停电及电火灾等事故的发生，给人民和国家财产遭受极大的损失。在自动化技术中，要利用被控对象的电量信号来实施控制，就必须要通过电工测量这一关。所以随着自动化技术的不断提高，电工测量的地位也越来越重要。电工测量是由电工测量仪表和电工测量技术共同完成的。仪表是依据，技术是保证，材料是关键，一切的一切都得要有电工材料做支撑。

本项目将对安全用电及电工测量和常用材料的基础知识进行介绍，希望读者通过实训了解用电常识，掌握电气事故的急救处理方法，能够对电工测量原理有所了解，对测量技术有所掌握，对电工材料有个清晰的认识。

## 任务1 安全用电

**任务能力目标**

● 触电与安全用电
● 安全用电措施和操作规程
● 电气事故急救处理

### 1.1.1 电气安全事故案例

1990年8月2日，某厂值班电工在接线时，误将电源火线接入潜水泵的接地端，使泵体串电，造成操作工一人触电死亡，另一人被电伤。

1994 年 12 月 8 日，新疆克拉玛依市一公共场所因舞台上方的照明灯燃着幕布，发生火灾，烧死 323 人，伤 130 人，其中中小学生 288 人。

2000 年 4 月 18 日，兰州市某商厦的一节能灯镇流器发生故障，引燃其塑料外壳，导致特大火灾。肆虐的大火将整座四层的大厦基本烧毁，大量商品化为灰烬，过火面积 4786m$^2$，造成直接经济损失 469 万元。

2016 年 7 月 23 日，北京某建筑防水工程有限公司工人在给河北某粮库粉刷外墙时，4 人移动脚手架时触碰到高压线，造成 3 人死亡，1 人受伤。

2016 年 7 月 19 日傍晚，暴风骤雨突袭千年古城开封市，瞬间市区成为一片泽国。18 时 50 分，该市汉兴路福兴家园母女二人触电；19 时 26 分，五一路魏都路交叉口百岁鱼餐饮店对面一名 58 岁女性因路滑，扶助空调器室外机时触电；19 时 41 分，开封市委西边十字路口一名 20 多岁的女性触电；20 时 28 分，苹果园大宏世纪新城路口一名 46 岁男性触电。

案例多多，触目惊心。因此，必须十分注意安全用电，防止触电，以确保人身、设备、电力系统三方面的安全。

## 1.1.2 触电与安全用电

### （1）电流对人体的作用

人体接触了低压带电体或接近、接触了高压带电体称为触电。人体触电时，电流通过人体，就会产生伤害，按伤害程度不同可分为电击和电伤两种。

电击是指人体接触带电体后，电流使人体的内部器官受到伤害。触电时，肌肉发生收缩，如果触电者不能迅速摆脱带电体，电流将持续通过人体，最后因神经系统受到损害，使心脏和呼吸器官停止工作而趋于死亡。这是最危险的触电事故，是造成触电死亡的主要原因，也是经常遇到的一种伤害。

电伤是指电对人体外部造成的局部伤害，如电弧灼伤、电烙印、熔化的金属沫溅入皮肤造成伤害等，电伤严重时亦可致命。

### （2）安全电压

人体触电的伤害程度与通过人体的电流大小、频率、时间长短、触电部位以及触电者的生理素质等情况有关。通常低频电流对人体的伤害高于高频电流，而电流通过心脏和中枢神经系统则最为危险。当通过人体（心脏）的电流在 1mA 时，就会引起人的感觉，称为感知电流；如若到 50mA 以上，就会有生命危险；而达 100mA 时，只要很短时间就足以致命。触电时间越长，危害就越大。

人体电阻通常在 1～100kΩ 之间，在潮湿及出汗的情况下会降至 800Ω 左右。接触 36V 以下电压时，通过人体电流一般不超过 50mA，故我国规定安全电压的等级为 36V、24V、12V、6V。通常规定为 36V 以下；但在潮湿及地面能导电的厂房，安全电压则定为 24V；在潮湿、多导电尘埃、金属容器内等工作环境时，安全电压取为 6V；而在环境不十分恶劣的条件下可取 12V。

**（3）常见触电方式**

触电大致可归纳为单线触电、双线触电以及跨步电压触电三种。

① 单线触电　人体接触三相电源中的某一根相线，而其他部位同时和大地相接触，就形成了单线触电。此时电流自相线经人体、大地、接地极、中性线形成回路，如图 1-1 所示。因现在广泛采用三相四线制供电，且中性线一般都接地，所以发生单线触电的机会也最多。此时人体承受的电压是相电压，在低压动力线路中为 220V。图 1-2 是单线触电的另一种形式。即使人站在绝缘的木凳上，因灯泡或其他用电器的电阻小于人体电阻，人体承受的电压与相电压相差不太大，故这种触电也很危险。

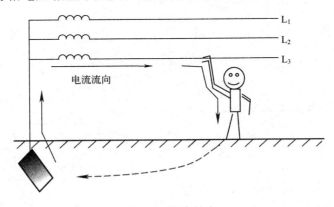

图 1-1　单线触电

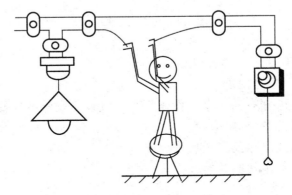

图 1-2　另一种形式的单线触电

② 双线触电　如图 1-3 所示，人体同时接触三相电源中的某两根相线就形成了两线触电。人体承受的电压是线电压，在低压动力线路中为 380V。此时通过人体的电流将更大，而且电流的大部分流经心脏，所以比单线触电更危险。

③ 跨步电压触电　高压电线接触地面时，电流在接地点周围 15～20m 的范围内将产生电压降。当人体接近此区域时，两脚之间承受一定的电压，此电压称跨步电压。由跨步电压引起的触电称为跨步电压触电。如图 1-4 所示。

跨步电压一般发生于高压设备附近，人体离接地体越近，跨步电压越大。因此在遇到高压设备时应慎重对待，避免受到电击。

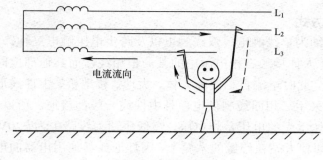

图 1-3　双线触电

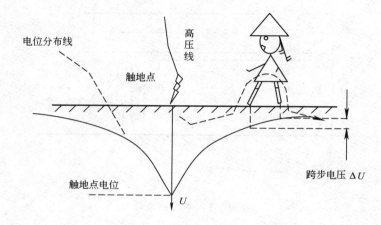

图 1-4　跨步电压触电

**（4）常见触电原因**

触电原因很多，一般是由于：

① 违章作业，不遵守有关安全操作规程和电气设备安装及检修规程等规章制度；

② 误接触到裸露的带电导体；

③ 接触到因接地线断路而使金属外壳带电的电气设备；

④ 偶然性事故，如电线断落触及人体。

### 1.1.3　安全用电的措施

安全用电的基本方针是"安全第一，预防为主"。为使人身不受伤害，电气设备能正常运行，必须采取必要的各种安全措施，严格遵守电工基本操作规程，电气设备采用保护接地或保护接零，防止因电气事故引起的火灾发生。

**（1）基本安全措施**

① 合理选用导线和熔丝，各种导线和熔丝的额定电流值可以从手册中查得。在选用导线时，应使其载流能力大于实际输电电流。熔丝额定电流应与最大实际输电电流相

符，切不可用导线或铜丝代替，并按表 1-1 规定依电路选择导线的颜色。

表 1-1 特定导线的标记及规定

| 电路及导线名称 | | 标记 | | 颜色 |
|---|---|---|---|---|
| | | 电源导线 | 电器端子 | |
| 交流三相电路 | 1 相 | $L_1$ | U | 黄色 |
| | 2 相 | $L_2$ | V | 绿色 |
| | 3 相 | $L_3$ | W | 红色 |
| 零线或中性线 | | N | | 淡蓝色 |
| 直流电路 | 正极 | L+ | | 棕色 |
| | 负极 | L- | | 蓝色 |
| | 接地中间线 | M | | 淡蓝色 |
| 接地线 | | E | | 黄和绿双色 |
| 保护接地线 | | PE | | |
| 保护接地线和中性线共用一线 | | PEN | | |
| 整个装置及设备的内部布线一般推荐 | | | | 黑色 |

② 正确安装和使用电气设备。认真阅读使用说明书，按规程安装使用电气设备，如严禁带电部分外露、注意保护绝缘层、防止绝缘电阻降低而产生漏电、按规定进行接地保护等。

③ 开关必须接相线。单相电器的开关应接在相线（俗称火线）上，切不可接在零线上，以便在开关关断状态下维修及更换电器，从而减少触电的可能。

④ 合理选择照明灯电压。在不同的环境下按规定选用安全电压，在工矿企业一般机床照明灯电压为 36V，移动灯具等电源的电压为 24V，特殊环境下照明灯电压还有 12V 或 6V。

⑤ 防止跨步电压触电。应远离断落地面的高压线 8~10m，不得随意触摸高压电气设备。

**（2）安全操作规程**

国家级有关部门颁布了一系列的电工安全规程规范，各地区电业部门及各单位主管部门也对电气安全有明确规定，电工必须认真学习，严格遵守。

为避免违章作业引起触电，首先应熟悉以下电工基本的安全操作要点。

① 上岗时必须穿戴好规定的防护用具。不同岗位安全用具及防护用具有所不同。

② 一般不允许带电作业。如确需带电作业，应采取必要的安全措施，如尽可能单手操作、穿绝缘靴、与导电体及接地体用橡胶毡隔离等，并需专人监护。

③ 在线路、设备上工作时要切断电源，经试电笔测试无电并挂上警告牌（如有人

操作、严禁合闸）后方可进行工作，任何电气设备在未确认无电以前，均作为有电状况处理。

④ 按规定搭接临时线。敷设时，应先接地线；拆除时，应先拆相线。拆除的电线要及时处理好，带电的线头需用绝缘带包扎好。严禁乱拉临时线。

⑤ 使用电烙铁时，安放位置不得有易燃物或靠近电气设备，用完要及时拔掉电源插头。

⑥ 高空作业时应系好安全带。

⑦ 扶梯应有防滑措施。

**（3）接地与接零**

触电的原因可能是人体直接接触带电体，也可能是人体触及漏电设备（因绝缘损坏而使金属外壳带电的设备）所造成的。大多数事故发生在后者。为确保人身安全，防止这类触电事故的发生，必须采取一定的防范措施。

① 保护接地　在中性点不接地的低压（1kV 以下）供电系统中，将电气设备的金属外壳或构架与接地体良好的连接，这种保护方式称为保护接地。通常接地体是钢管或角铁，接地电阻不允许超过 $4\Omega$。如图 1-5 所示，当人体触及漏电设备的外壳时，漏电流自外壳经接地体电阻 $R_{PE}$ 与人体电阻 $R_P$ 的并联分流后流入大地，因 $R_P \gg R_{PE}$，所以流经人体的电流非常小。接地电阻愈小，流经人体的电流越小，越安全。

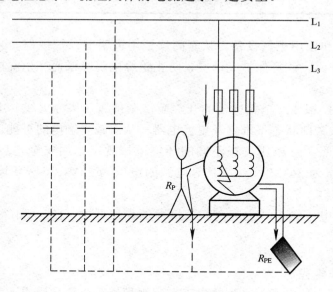

图 1-5　保护接地原理

② 保护接零　在中性点已接地的三相四线制供电系统中，将电气设备的金属外壳或构架与电网的零线相连接，这种保护方式称为保护接零。如图 1-6 所示，当电气设备电线一相碰壳发生漏电时，该相就通过金属外壳与接零线形成单相短路，此短路电流足以使线路上的保护装置迅速动作，以切断故障设备的电源，消除人体触及外壳时的触电危险。

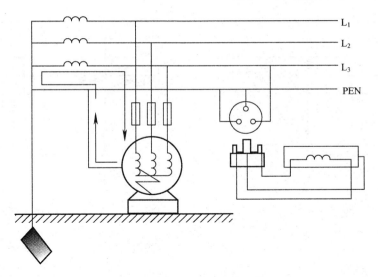

图 1-6  保护接零原理

③ 实施保护接零应注意以下几点

a．中性点未接地的供电系统决不允许采用接零保护。因此时接零不但不起任何保护作用，在电器发生漏电时，反而会使所有接在零线上的电气设备的金属外壳带电，而导致触电。

b．单相电器的接零线不允许加接开关及熔断器等。否则一旦零线断开或熔断器的熔丝熔断，即使不漏电的设备，其外壳也将存在相电压，造成触电危险。确需在零线上装熔断器或开关，则可用作工作零线，决不允许再用于保护接零，保护线必须在电网的零干线上直接引向电器的接零端。

c．在同一供电系统中，不允许设备接地和接零并存。因此时若接地设备产生漏电，而漏电流不足以切断电源，就会使电网中性线的电位升高，而接零电器的外壳与零线等电位，故人若触及接零电气设备的外壳，就会触电。

④ 接地的种类  低压电网的接地方式有 3 种 5 类。

⑤ 系统符号含义  第一个字母表示低压电源系统可接地点（三相供电系统通常是发电机或变压器的中性点）对地的关系，T—直接接地；I—不接地（所有带电部分与大地绝缘）或经人工中性点接地。第二个字母表示电气装置的外露可导电部分对地的关系，T—直接接地，与低压供电系统的接地点无关；N—与低压供电系统的接地点进行连接。后面的字母表示中性线与保护线的组合情况，S—分开的；C—公用的；C-S—部分是公共的。

a．TN 系统  电源系统有一点直接接地，电气装置的外露可导电部分通过保护线（导体）接到此接地点上。如图 1-7 所示。

b．TT 系统  供电网接地点与电气装置的外露可导电部分分别直接接地。如图 1-8 所示。

c．IT 系统  电源系统可接地点不接地或通过电阻器（或电抗器）接地，电气装置的外露可导电部分单独直接接地。如图 1-9 所示。

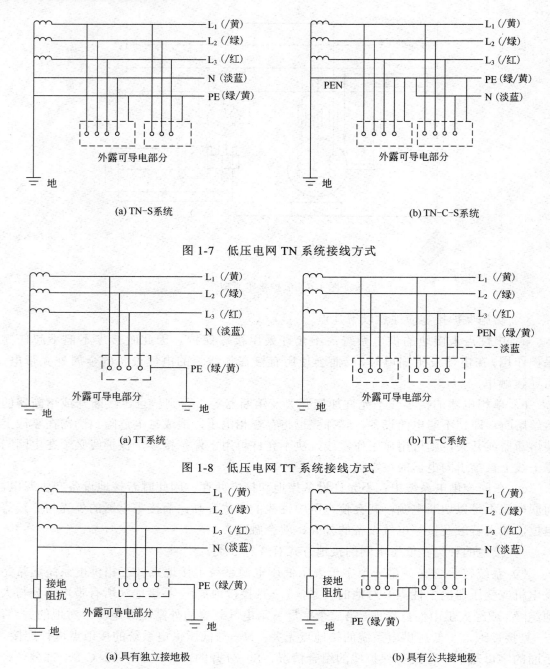

(a) TN-S系统　　　　　　　　　　　　(b) TN-C-S系统

图 1-7　低压电网 TN 系统接线方式

(a) TT系统　　　　　　　　　　　　(b) TT-C系统

图 1-8　低压电网 TT 系统接线方式

(a) 具有独立接地极　　　　　　　　　　(b) 具有公共接地极

图 1-9　低压电网 IT 系统接线方式

## 1.1.4　电气事故急救处理

### （1）触电急救

发生触电事故现场人员应当机立断以最快的速度采用安全、正确的方法使触电者脱离电源，因为电流通过人体的时间越长，伤害就越重。但切不可用手直接去拉触电者，以防再触电，然后视临床表现对触电者进行现场急救。

①　脱离电源有以下几种方法，可据具体情况选择。

a．拉断电源开关或刀闸开关。

b．拔去电源插头或熔断器的插芯。

c．用电工钳或有干燥木柄的斧子、铁锹等切断电源线。

d．用干燥的木棒、竹竿、塑料杆、皮带等不导电的物品拉或挑开导线。

e．救护者可戴绝缘手套或站在绝缘物上用手拉触电者脱离电源。

以上通常适用于脱离额定电压 500V 以下的低压电源。若发生高压触电，应立即告知有关部门停电。紧急时可抛掷裸金属软导线，造成线路短路，迫使保护装置动作以切断电源。

②　触电者脱离电源后，应立即进行现场紧急救护。触电者受伤不太严重时，应保持空气畅通，解开衣服以利呼吸，静卧休息，勿走动，同时请医生或送医院诊治。触电者失去知觉，呼吸和心跳不正常，甚至出现无呼吸、心脏停搏的假死现象时，应立即进行人工呼吸和胸外心脏按压。此工作应做到医生来前不等待，送医院途中不中断，否则伤者可能会很快死亡。具体方法如下。

a．口对口人工呼吸法（适于无呼吸但有心跳的触电者），如图 1-10 所示。病人仰卧平地上，鼻孔朝天头后仰。首先清理口鼻腔，然后松扣解衣袋。捏鼻吹气要适量，排气应让口鼻畅。吹 2s 来停 3s，5s 一次最恰当。

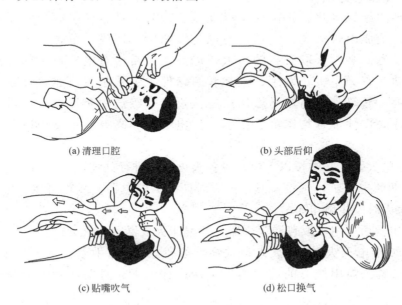

(a) 清理口腔　　　　　　　　　　(b) 头部后仰

(c) 贴嘴吹气　　　　　　　　　　(d) 松口换气

图 1-10　口对口人工呼吸法

b．胸外按压法（适于有呼吸但无心跳的触电者），如图 1-11 所示，病人仰卧硬地上，松开领扣解衣袋。当胸放掌不鲁莽，中指应该对凹腔。掌根用力向下按，压下一寸至半寸。压力轻重要适当，过分用力会压伤。慢慢压下突然放，一秒一次最恰当。

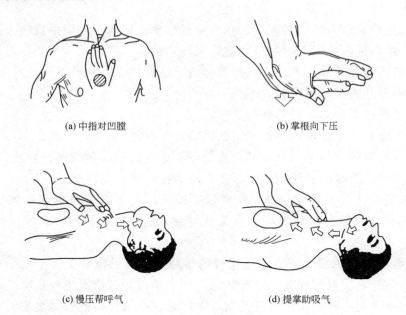

(a) 中指对凹膛　　　　　　　　　　　(b) 掌根向下压

(c) 慢压帮呼气　　　　　　　　　　　(d) 提掌助吸气

图 1-11　胸外按压法

c. 对既无呼吸又无心跳的触电者应人工呼吸、胸外按压并用。先吹气 2 次（约 5s 内完成），再做胸外挤压 15 次（约 10s 内完成），以后交替进行。

**（2）电火警紧急处理**

电气设备的绝缘老化、接头松动以及过载或短路都容易引起导线发热，引燃周围的可燃物，造成电气火灾，尤其在易燃易爆场所，造成的危害更大。为防止电气火灾事故的发生，必须采取必要的防火措施，如经常检查电气设备的运行情况，看接头是否松动、有无电火花发生、过载和短路保护装置是否可靠、设备绝缘是否良好、接地是否可靠等。对易燃易爆场所应按规定等级选用防爆电气设备，保持良好通风，以降低爆炸性混合物浓度。在能产生电火花和高温的设备周围不应堆放易燃易爆物品。

一旦发生电火警，必须按以下电气设备灭火规则进行处理。

① 立即切断电源。电气设备发生火灾时，着火的电器、线路可能带电，必须防止火情蔓延和灭火时发生触电事故。

② 切断电源后可用水或普通灭火器（如泡沫灭火器等）灭火。

③ 若必须带电灭火时，救火人员须穿绝缘靴、戴绝缘手套并选不导电灭火剂（如二氧化碳、二氧二溴甲烷）的灭火器或黄沙进行灭火，且要注意保持与带电体之间的距离。

 **任务练习作业**

（1）组织参观变电所，了解有关安全技术知识和供电系统常识。

（2）触电急救模拟训练。

① 使触电者脱离电源。

② 将触电者移至通风处静卧，解衣领、宽裤带。

③ 实施人工呼吸。用毛巾模拟触电者，进行"口对口"人工呼吸，吹 2s、停 3s，按节奏操作若干次；一人模拟触电者，另一人实施胸外按压心脏法，掌握好力度及频率。

（3）图 1-12 所示单相电器保护接零的接法中，有无问题？错在何处？会造成什么危险？请绘出正确的电气图。

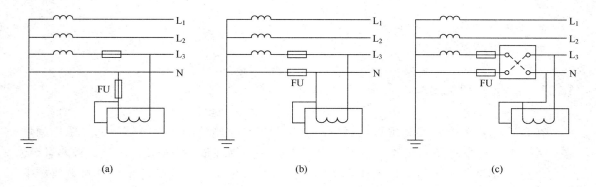

图 1-12　单相电器保护接零的错误接法

# 任务 2　电工测量技术基础

## 任务能力目标

- 测量基础知识
- 电工测量仪表
- 测量技术基础

## 1.2.1　测量基础知识

在自动化技术中，要利用被控对象的电量信号来实施控制，就必须要通过信号测量这一关。电工测量就是利用电工测量仪表对电路中的物理量（如电压、电能、磁通量等）的大小进行测量。所以随着自动化技术的不断提高，电工测量的地位也越来越重要。电工测量是由电工测量仪表和电工测量技术共同完成的，仪表是依据，技术是保证。

**（1）测量方法**

测量方法有两种：一种是直接测量，即利用仪表直接测量出被测量的大小；另一种是间接测量，就是用直接测量量通过一定的关系式进行计算得出被测量，如伏安法测电阻。直接测量法又分为直接读数法（如用电流表测电流）和比较测量法，即通过比较被测量和标准量来确定被测量的值（如用电桥测电阻）。

**（2）测量误差及其处理**

无论用什么样的仪表和测量方法，其测量结果与被测量的实际值之间都会有差异，这就是测量误差。测量误差一般可分为三类。

① 系统误差　在测量过程中遵循一定的规律且保持不变的误差。造成这种误差的主要原因是仪器本身的误差。另外，测量方法和测量依据的公式以及测量人员感觉器官不够完善也会产生系统误差。系统误差可引入更正值、采用特殊的测量方法（替代法、正负误差补偿法等）进行处理，来消除系统误差。

② 偶然误差　是由某种不确定的偶然因素造成的误差。在相同的条件下其表现时而偏大、时而偏小，但在大量重复测量下遵循统计规律。故尽可能多地重复测量，取其平均值可得较准确的结果。

③ 疏忽误差　测量者由于疏忽大意而产生的严重歪曲事实测量结果的误差。这类结果应予以摒弃，重新测量。

**（3）误差的表示方法**

① 绝对误差测量值 $X$ 与真实值 $X_0$ 之差，称绝对误差，用 $\Delta X$ 表示。

即：

$$\Delta X = X - X_0$$

绝对误差表征测量结果的偏差，即测量精确程度的高低，其单位与被测量的单位相同。

② 相对误差  绝对误差$\Delta X$与测量值$X$之比称为相对误差，记作$\delta X$。

$$\delta X = \frac{\Delta X}{X} \times 100\%$$

相对误差用来判断测量结果的相对精度。

③ 测量结果的表示  $X \pm \Delta X$读作"$X$正负偏差$\Delta X$"，也可以表示为：$X(1 \pm \delta X)$。测量值、误差及单位称为测量结果的三要素。

### （4）有效数字

所有可靠位加上一位估计位组成的数字称为测量值的有效数字。在表示测量结果时，必须采用正确的有效数字，不能多取，也不能少取。少取了会损害测量的精度，多取了则又夸大了测量的精度。

## 1.2.2  电工测量仪表

### （1）分类

电工仪表常见的分类方法如下。

① 指示仪表  在电工测量领域中，指示仪表品种多，应用广泛，具体分类如下。

a. 按工作原理分类，有磁电系、电磁系、电动系、铁磁电动系、感应系等类型。

b. 按被测电工量的性质分类，见表1-2。

表1-2  电工测量仪表按被测电工量的性质分类

| 被测量 | 仪表名称 | 符号 | 相应测量单位 |
| --- | --- | --- | --- |
| 电流 | 电流表 | Ⓐ、ⓜⒶ、ⓤⒶ | 安培、毫安、微安 |
| 电压 | 电压表 | ⓶Ⓥ、Ⓥ、Ⓚ Ⓥ | 毫伏、伏特、千伏 |
| 电功率 | 功率表 | Ⓦ、ⓀⓌ | 瓦特、千瓦 |
| 电阻 | 欧姆表 | Ω、ⓂΩ | 欧姆、兆欧 |
| 电能 | 电度表 | kW·h | 度（千瓦时） |

c. 按测量电流的种类分类，有直流仪表（用—或DC表示）、交流仪表（用～或AC表示）和交直流仪表（用⌇表示）。

d. 按准确度等级分类，有0.1级、0.2级、0.5级、1.0级、1.5级、2.5级、5.0级七个等级类型。仪表在正常工作条件下使用时，仪表（相对）误差不超过仪表的基本误差——仪表等级的百分数，绝对误差等于相对误差与量程的乘积。一般0.1级和0.2级仪表用来作标准仪器，以校准其他工作仪表，而实验中多用0.5～1.5级仪表。2.5～5.0级通常用于要求不高的工程测量。

此外，量程不同，仪表误差也不同。将一个测量范围分成若干量程，其目的就是减小仪表误差，测量范围一定时，量程（即挡数）越多，测量误差越小，刻度线也越稀疏清晰。如0.5级伏特表,用满刻度15V的量程测量时,其仪表绝对误差为15×0.5%=0.075V;用30V量程测量时,绝对误差是30×0.5%=0.15V。显然,要测量15V以下的电压最好用15V的量程。选择量程时,一般是测量值在量程的三分之二以上,以便减小测量误差。

e．按使用方法分类,有安装式和便携式仪表。

② 比较仪表　用于比较法测量中,有交、直流电桥、电位差计等。

③ 数字仪表　采用数字测量技术,并以数码形式直接显示被测量值。常用的有数字电压表、数字电流表、数字万用表、数字电容表等。

**（2）结构与基本原理**

电工指示仪表的测量原理是通过测量线路把被测量信号转换成测量机构可以直接测量的电磁量,再转换成转动力矩产生偏转而反映在指示器上。

① 磁电系仪表

a．结构。磁电系（也称动圈式）仪表的结构由固定的磁路系统和可动部分组成,如图1-13所示。在仪表的固定部分中,永久磁铁1的两极固定着极掌2,两极掌之间是圆柱形铁芯3,固定在仪表的支架上,用来减小两极掌间的磁阻,并在极掌和铁芯之间的空气隙中形成均匀辐射的磁场。圆柱形铁芯与极掌间留有一定的空隙,以便可动线圈4在气隙中运动。仪表的可动部分是用薄铝皮做成的一个矩形框架,上面用很细的漆包线绕有很多匝线圈。转轴5分成前后两个半轴,每个半轴的一端固定在动圈铝框上,另一端通过轴尖支承于轴承中。在前半轴上还装有指针6,当可动部分偏转时,用来指示被测量的大小。在指针上还有平衡装置,用来调整仪表转动部分的平衡。两个半轴上分别装有游丝7,用来产生反作用力矩,同时也用游丝把被测电流导入和导出可动线圈。

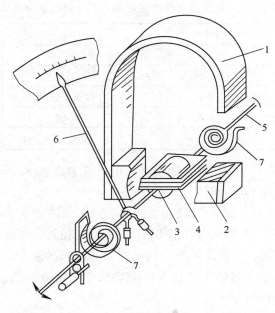

图1-13　磁电系仪表结构

1—永久磁铁;2—极掌;3—铁芯;4—可动线圈;5—转轴;6—指针;7—游丝

b．工作原理。磁电系仪表的工作原理是电与磁的相互作用。当可动线圈中流过电流时，由于永久磁铁的磁场和线圈电流相互作用，产生了电磁力（安培力），由转轴支承的可动线圈在力矩的作用下发生旋转，转动力矩的大小与线圈中通过的被测电流成正比，即 $M_A=c_1I$。而转动力矩的方向取决于流进线圈的电流方向。动圈转动时将引起游丝的变形，进而产生反作用力矩 $M_R$，它与线圈和指针的偏转角成正比，即 $M_R=c_2\alpha$。随着线圈偏转角的增大，反作用力矩也增大，直到和转动力矩相等时，即 $M_A=M_R$ 时，可动部分因所受力矩达到平衡而稳定在一个平衡位置上，此时指针有了一个稳定的偏转角 $\alpha=cI(c=c_1/c_2)$，可见指针偏转角与电流成正比，所以指针在标度尺上可直接示出电流的数值。

c．特点。刻度均匀、准确度高、灵敏度高、功率消耗小、构造精细、阻尼良好是磁电式仪表之优点。过载能力小、只能测量直流是动圈式仪表的缺点。故主要用于在直流电路中测量电流和电压。

如果配上整流器件可用于交流电流和电压的测量；配上变换器时，还可以用于非电量（如磁通量、温度、压力等）的测量。

② 电磁系仪表

a．结构。电磁系（亦称动铁式）仪表的结构也由固定和可动两部分组成，如图 1-14 所示。仪表的固定部分有固定线圈 1 和固定在线圈内侧的固定铁片 2 组成；可动部分有固定在转轴 3 上的可动铁片 4、游丝 5、指针 6 和阻尼片 7、平衡锤 8 组成。当线圈 1 通电后，线圈内部形成的磁场使固定铁片 2 和可动铁片 4 同时磁化，且两铁片的同一侧为相同的极性，同性磁极相互排斥，产生转动力矩使可动铁片转动。如果线圈中的电流方向改变时，线圈所产生磁场的方向随着改变，同侧的磁化极性仍然相同，相互间作用力仍是排斥，转动力矩的方向保持不变，所以可以构成交直流两用仪表。

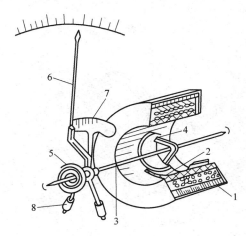

图 1-14    电磁系仪表结构

1—固定线圈；2—固定铁片；3—转轴；4—可动铁片；

5—游丝；6—指针；7—阻尼片；8—平衡锤

b．工作原理。由以上分析可知，电磁系测量机构的工作原理是将被测电流通过一固定线圈，由线圈产生的磁场磁化铁芯，利用铁芯与铁芯相互作用产生一定方向的转动力矩即 $M_A$ 带动指针偏转，致使游丝被扭，而产生反抗转矩 $M_R$，当 $M_A=M_R$ 时，达到平衡，指针便停留在某偏转位置上，而指示出被测电量的值。

可以证明，当线圈中通入交流电时，偏转角 $\alpha$ 与电流的有效值的平方成正比（$\alpha=cI^2$），所以这种仪表的刻度是不均匀的。

c. 特点。电磁系仪表的优点是可以直接测量较大电流或电压、过载能力强、结构简单牢固且价格低廉。缺点在于标尺刻度不均匀，另外，测量直流时有磁滞误差，测量中受外磁场影响大。可以制成交直流两用仪表，既可测量直流，又可以测量交流。

③ 电动系仪表

a. 结构。电动系测量机构是利用两个通电线圈之间的电动力来产生转动力矩的，它有固定线圈 1 和可动线圈 2 两个线圈。固定线圈 1 分为平行排列、互相对称的两部分，中间留有空隙，以便穿过转轴。改变固定线圈两部分之间的串、并联关系可以得到不同的电流量程。可动线圈与转轴固接在一起，转轴上装有指针 3 和空气阻尼器的阻尼片 4。游丝 5 用来产生反作用力矩，并起引导电流的作用。其结构如图 1-15 所示。

b. 工作原理。当固定线圈通过电流 $I_1$ 时，将建立一个磁场，通过 $I_2$ 电流的可动线圈处于固定线圈的磁场中，将受到磁场电磁力的作用，结果使仪表可动部分在转动力矩的作用下发生偏转，直到与游丝的反作用力矩相平衡为止，指针停在某一刻度上便可读出指示值。

可以证明，偏转角 $\alpha$ 的大小与流过固定线圈的电流 $I_1$ 及流过可动线圈的电流 $I_2$ 的乘积成正比，并与它们之间的相位差有关，即 $\alpha=cI_1I_2\cos\phi$。

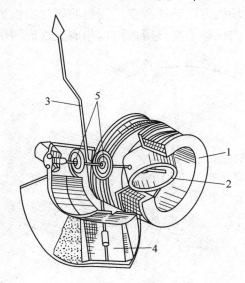

图 1-15　电动系仪表结构

1—固定线圈；2—可动线圈；3—指针；4—阻尼片；5—游丝

c. 特点。准确度高，能测交直流回路的电流、电压和功率。缺点是测量中读数易受外磁场影响、过载能力小、功耗大、价格偏高。它可以交直流两用，用来测量非正弦电流的有效值。适用于交流精密测量，可制成便携式交直流两用的电流表和电压表，还可制成测量功率的各种功率表。

## 1.2.3　电工测量技术

**（1）电流和电压的测量**

测量直流电流和电压需用磁电式仪表。

① 直流电流的测量　将磁电式仪表的测量机构直接串联接入电路，可用来测量电流，作为电流表来用。由于活动线圈的线径很细，允许通过的电流很小，电流表的量程（$I_g$）较小，一般都在几十微安到几十毫安。为了测量更大的电流，就必须扩大仪表的量程，其方法是通过并联分流电阻（又称分流器）来实现。如图 1-16 所示，分流器的接线方式有并联式和环形分流式两种。当接入的分流电阻阻值越小时，由测量机构和分流器组成的电流表的量程就越大。

以图 1-16（a）电流表直接接入为例，具体扩程步骤如下：

首先要知道表头的内阻 $R_g$ 和满刻度电流 $I_g$ 及需扩大量程的倍数 $n=I/I_g$。

根据并联电路原理，求出分流器的阻值

$$R_{sc}=R_g/(n-1)$$

多量程电流表常采用如图 1-16（b）所示的分流器，它可有多个量程，称为环形分流式分流器。

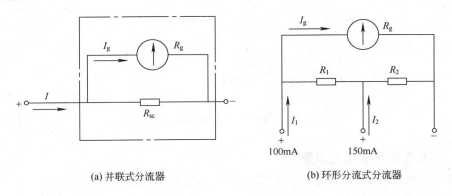

(a) 并联式分流器　　　　　　　　(b) 环形分流式分流器

图 1-16　电流表

② 直流电压的测量　在磁电式仪表测量机构的两端加上不同的电压时，将有不同的电流流过活动线圈，从而得到不同的偏转角度，所以它可以测量电压，作为电压表来用。但活动线圈的电阻不大，允许通过的电流又很小，因此电压表的测量范围（$U_g=I_gR_g$）极小，一般只能作为毫伏表用。为了测量更大的电压，通常串接较大电阻值的电阻来实现，此电阻称为倍压电阻或倍压器，如图 1-17 所示。当接入的倍压电阻值越大时，由测量机构和倍压器组成的电压表的量程就越大。

在图 1-17（a）中，若将电压表量程扩大 $m$ 倍（$m=U/U_g$），则倍压电阻

$$R_{sv}=(m-1)R_g$$

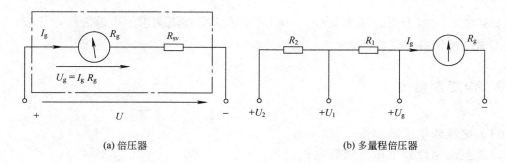

(a) 倍压器          (b) 多量程倍压器

图 1-17 电压表

磁电系仪表串联几个倍压器，即可制成多量程电压表，如图 1-17（b）所示。

由于电流表的内阻很小，使用时切勿将其并联在电路中，以免烧毁仪表。而电压表的内阻很大，使用时不可将其串联在电路中，否则将会使电路中的电流急剧下降，导致电路不能正常工作。

电压表和电流表的正确接线方法如图 1-18 所示，要特别注意它们的正、负端，应使电流从正端流入，负端流出，否则仪表的指针将反转，甚至损坏仪表。

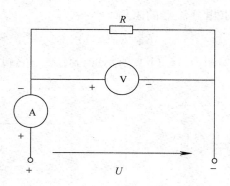

图 1-18 电压表、电流表的正确接线

### （2）交流电流和电压的测量

测量交流电流和电压需用电磁式仪表。因电磁式仪表的线圈是固定的，它可用较粗的导线绕制，允许通过最大几百安培的电流，故电磁式仪表无需附加分流器就可测大电流。实际测量时，如图 1-19 所示，交流电流表通过电流互感器接入；交流电压表常通过电压互感器接入。

### （3）功率的测量

电路功率的测量可用电动式瓦特表。直流电路和交流电路的功率计算公式分别为：

直流功率                            $P=UI$；

交流功率                            $P=UI\cos\phi$。

电动式测量机构作为功率表使用时的线路连接原理如图 1-20（a）所示。

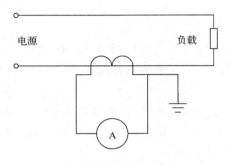
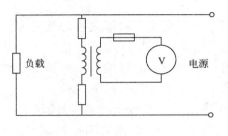

(a) 交流电流表经电流互感器接入　　　　　　(b) 交流电压表经电压互感器接入

图 1-19　交流电流表和交流电压表的接线

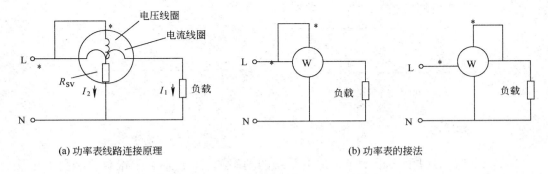

(a) 功率表线路连接原理　　　　　　　　　(b) 功率表的接法

图 1-20　单相功率表的接线

从图中可以看到它有两组线圈，一组是固定线圈和负载串联连接，流过的电流 $I_1$ 就是负载电流 $I$，称电流线圈。另一组串接一个倍压电阻 $R_{SV}$ 后跨接在负载两端，是可动线圈（其电阻为 $R_1$），称为电压线圈。因 $R_{SV}$ 很大，可动线圈的感抗与之相比可忽略不计，所以流过的电流 $I_2$ 不仅大小与负载上的电压成正比，而且与负载电压同相。故可动线圈偏转角

$$\alpha = cI_1I_2\cos\phi = cI_1\cos\phi\,\frac{U}{R_{SV}+R_1} = c'I_1U\cos\phi = c'P\left(c'=\frac{c}{R_{SV}+R_1}\right)$$

该式说明，指针偏转角的大小正比于负载的有功功率。故可指示出有功功率瓦特数，因而功率表又称瓦特表。在直流电路中，功率表指针偏转角可直接指示电功率的大小。所以，电动式功率表既可测量直流功率，又可测量交流功率。

单相功率表的接法如图 1-20（b）所示。为使接线不致发生错误，引起仪表反转，通常在电压线圈和电流线圈的一个接线端上标有"*"或"±"的极性符号，称为电源端。对于单相功率表的电压线圈"*"端，可以和电流线圈"*"端接在一起，也可以和电流的无符号端连在一起。前者称为前接法，适用于负载电阻远比功率表电流线圈电阻大得多的情况。后者称为后接法，适用于负载电阻远比功率表电压支路电阻小得多的情况。在这两种情况下，功率表电压支路中的电流可忽略不计，可提高测量准确度。

**（4）三相交流电功率测量的几种方法**

在实际工程和日常生活中，由于广泛采用的是三相交流供电系统，因此，三相功率测量也就成为基本的测量。三相功率的测量仪表，大多采用单相功率表，也有采用三相功率表。其测量方法有以下几种。

① 一表法。仅适用于三相四线制供电系统三相对称负载的功率测量，如图 1-21 所示。此时功率表的读数为单相功率，由于三个单相功率相等，因此，三相功率是其三倍。

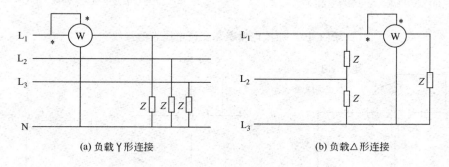

(a) 负载丫形连接          (b) 负载△形连接

图 1-21　一表法测三相功率

② 二表法。适用于三相三线制供电系统的功率测量。此时，不论负载是星形接法还是角形接法，二表法都适用，其接线如图 1-22 所示。图中各功率表的读数并无实际物理意义，但三相功率 $P$ 的测量结果总等于两表中的读数之和。

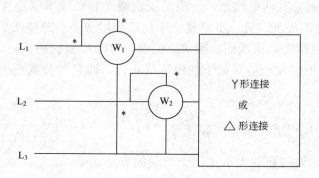

图 1-22　二表法测三相功率

③ 三表法。适用于三相四线制供电系统一般负载（对称或不对称）的功率测量。因三相功率等于各相功率之和，故用三只功率表分别测得各相功率，其接线方式如一表法测各相功率。测量结果为各相功率表读数之和。

④ 三相功率表法。适用于三相三线制供电系统三相功率的直接测量，功率表中的读数即为三相功率 $P$。其接线方式如图 1-23 所示。

电阻的测量、万用表的用法、绝缘电阻的测量、兆欧表的用法、电能的测量、电度表的用法将在后续项目中介绍。

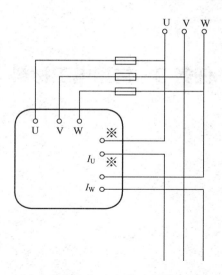

图 1-23  三相功率表法接线方式

 **任务练习作业**

（1）为减小测量误差，应让电流表的内阻尽量_____，电压表的内阻尽可能_____。

（2）判断以下说法的正误

① 仪表的准确度等级越高，测量结果就越准确。（     ）

② 磁电系仪表又称动圈式仪表，电磁系仪表又称动铁式仪表。（     ）

③ 不能用单相功率表来测量三相电功率。（     ）

（3）已知表头内阻为 $100\Omega$，满偏转电流 $50\mu A$，如将其改装为 0.5A 的电流表，应并联一个多大的分流电阻？若将其改装为 5V 的电压表，应串联一个多大的分压电阻？

# 任务 3　常用电工材料

## 任务能力目标

- 导电材料介绍
- 电力线及其选用方法
- 绝缘材料介绍
- 磁性材料简单介绍

## 1.3.1　导电材料

### （1）铜和铝

铜的导电性能良好，电阻率为 $1.724 \times 10^{-8} \Omega \cdot m$。因其在常温下具有足够的机械强度，延展性能良好，化学性能稳定，故便于加工，不易氧化和腐蚀，易焊接。常用导电用铜是含铜量在 99.9% 以上的工业纯铜。电机、变压器上使用的是含铜量在 99.5%～99.95% 之间的纯铜，俗称紫铜。其中硬铜做导电零部件，软铜做电机、电器等的线圈。杂质、冷形变、温度和耐蚀性等是影响铜性能的主要因素。

铝的导热性及耐蚀性好，易于加工，其导电性能、机械强度均稍逊于铜。铝的电阻率为 $2.864 \times 10^{-8} \Omega \cdot m$，但铝的密度比铜小（仅为铜的 33%），因此导电性能相同的两根导线相比较，则铝导线的截面积虽比铜导线大 1.68 倍，但重量反而比铜导线减轻了约一半。而且铝的资源丰富、价格低廉，是目前推广使用的导电材料。目前，在架空线路、照明线路、动力线路、汇流排、变压器和中小型电机的线圈都已广泛使用铝线。唯一不足是铝的焊接工艺比较复杂、质硬、塑性差，因而在维修电工中广泛应用的仍是铜导线。与铜一样，影响铝性能的主要因素有杂质、冷形变、温度和耐蚀性等。

### （2）电线与电缆

电线电缆一般由线芯、绝缘层、保护层 3 部分构成。电线电缆的品种很多，按照性能、结构、制造工艺及使用特点，分裸导线和裸导体制品、电磁线、电气装备用电线电缆、电力电缆和通信电线电缆 5 类。机修电工常用的是前 3 类。

① 裸导线和裸导体制品　主要有圆线、软接线、型线、裸绞线等，具体又包括以下类型。

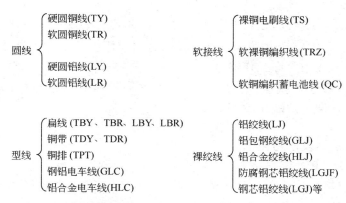

② 电磁线　常用的电磁线有漆包线和绕包线两类。电磁线多用在电机或电工仪表等电器线圈中，其特点是为减小绕组的体积，因而绝缘层很薄。电磁线的选用一般应考虑耐热性、电性能、相容性、环境条件等因素。

a．漆包线。绝缘层为漆膜，用于中小型电机及微电机等。常用的有缩醛漆包线、聚酯漆包线、聚酯亚胺漆包线、聚酰胺漆包线和聚酰亚胺漆包线等 5 类。

b．绕包线。用玻璃丝、绝缘纸或合成树脂薄膜等作绝缘层，紧密绕包在导线上制成。也有在漆包线上再绕包绝缘层的。除薄膜绝缘层外，其他的绝缘层均需经胶粘绝缘浸渍处理。一般用于大中型电工产品。绕包线一般分为纸包线、薄膜绕包线、玻璃丝包线及玻璃丝包漆包线 4 类。

③ 电器装备用电线电缆　其基本结构是由铜或铝制线芯、塑料或橡胶绝缘层及护层三部分组成。电气装备用电线电缆包括各种电气设备内部及外部的安装连接用电线电缆、低压电力配电系统用的绝缘电线、信号控制系统用的电线电缆等。常用的电气装备用电线电缆通常称为电力线。电力线的选择和使用是电工实训任务中的重要内容，将在项目 3 任务 2 中进行训练。

### （3）电热材料

电热材料用来制造各种电阻加热设备中的发热元件。其材料要求电阻率高、加工性能好，机械强度高和良好的抗氧化性能，能长期在高温状态下工作。如镍铬合金、铁铬铝合金等。

### （4）电碳制品

在电机中用的电刷是用石墨粉末或石墨粉末与金属粉末混合制成。按材质可分为石墨电刷（S）、电化石墨电刷（D）、金属石墨电刷（J）三类。选用电刷时主要考虑：接触电压降、摩擦系数、电流密度、圆周速度以及施加于电刷上的单位压力等条件。其他电碳制品还有碳滑板和滑块、碳和石墨触头、各种电极碳棒、通信用送话器碳砂等。

## 1.3.2　电力线及其选用

### （1）电力线

① 线芯　有铜芯和铝芯两种，固定敷设的电力线一般采用铝芯线，移动使用的电

力线主要采用铜芯线。线芯的根数分单芯和多芯，多芯的根数最多可达几千根。

② 绝缘层　主要作用是电绝缘，还可起机械保护作用。大多采用橡胶和塑料材质，其耐热等级决定电力线的允许工作温度。

③ 保护层　主要起机械保护作用，它对电力线的使用寿命影响很大。大多采用橡胶和塑料材质，也有使用玻璃丝编织成的。

**（2）电力线的系列及应用范围**

分三个系列：B、R、Y。

① B 系列橡胶塑料绝缘电线（B 表示绝缘）　该系列电线结构简单、重量轻、价格较低。它使用于各种动力、配电和照明电路，以及大中型电气设备的安装线。交流工作电压为 500V，直流工作电压为 1000V，常用品种如表 1-3 所示。

表 1-3　B 系列橡胶塑料绝缘电线常用品种

| 产品名称 | 型号 | | 长期最高工作温度/℃ | 用途及使用条件 |
|---|---|---|---|---|
| | 铜芯 | 铝芯 | | |
| 橡胶绝缘电线 | BX | BLX | 65 | 固定敷设于室内（明敷、暗敷或穿管），也可用于室外，或作设备内部安装用线 |
| 氯丁橡胶绝缘电线 | BXF | BLXF | 65 | 同 BX 型。耐气候性好,适用于室外 |
| 橡胶绝缘软电线 | BXR | — | 65 | 同 BX 型。仅用于安装时要求柔软的场合 |
| 橡胶绝缘和护套电线 | BXHF | BLXHF | 65 | 同 BX 型。适用于较潮湿的场合和作室外进户线 |
| 聚氯乙烯绝缘电线 | BV | BLV | 65 | 同 BX 型。但耐湿性和耐气候性较好 |
| 聚氯乙烯绝缘软电线 | BVR | — | 65 | 同 BV 型。仅用于安装时要求柔软的场合 |
| 聚氯乙烯绝缘和护套电线 | BVVB | BLVV | 65 | 同 BV 型。用于潮湿和机械防护要求较高的场合，可直埋土壤中 |
| 耐热聚氯乙烯绝缘电线 | BV-105 | | 105 | 同 BV 型。用于 45℃ 及以上高温环境中 |
| 耐热聚氯乙烯绝缘软电线 | BVR-105 | — | 105 | 同 BVR 型。用于 45℃ 及以上高温环境中 |

注：X—橡胶绝缘；XF—氯丁橡胶绝缘；HF—非燃性橡胶套；V—聚氯乙烯绝缘；VV—聚氯乙烯绝缘和护套；105—耐热 105℃。

② R 系列橡胶塑料软电线（R 表示软线）　该系列软线的线芯是由多根细铜线绞合而成，它除具备 B 系列绝缘线的特点外，其线体比较柔软，有较好的移动使用性。该线大量用作日用电器、仪表仪器的电源线，小型电气设备和仪器仪表内部安装线，以及照明线路中的灯头、灯管线。其交流工作电压同样为 500V，直流工作电压为 1000V，常用品种如表 1-4 所示。

表 1-4　R 系列橡胶塑料软电线常用品种

| 产品名称 | 型号 | 工作电压/V | 长期最高工作温度/℃ | 用途及使用条件 |
|---|---|---|---|---|
| 聚氯乙烯绝缘软线 | RV RVB RVS | 交流 250 直流 500 | 65 | 供各种移动电器、仪表电信设备、自动化装置接线用，也可作内部安装线，安装时环境温度不低于-15℃ |
| 耐热聚氯乙烯绝缘软线 | RV-105 | 交流 250 直流 500 | 105 | 同 RV 型。用于 45℃ 及以上高温环境中 |
| 聚氯乙烯绝缘和护套软线 | RVV | 交流 500 直流 1000 | 65 | 同 RV 型。用于潮湿和机械防护要求较高以及经常移动弯曲的场合 |

| 产品名称 | 型号 | 工作电压/V | 长期最高工作温度/℃ | 用途及使用条件 |
|---|---|---|---|---|
| 丁腈聚氯乙烯复合物绝缘软线 | RFB RFS | 交流 250 直流 500 | 70 | 同 RVB、RVS 型。低温柔软性较好 |
| 棉纱编织橡胶绝缘双绞软线 棉纱编织橡胶绝缘软线 | RXS RX | 交流 250 直流 500 | 65 | 室内日用电器，照明用电源线 |
| 棉纱编织橡胶绝缘平型软线 | RXB | 交流 250 直流 500 | 65 | 室内日用电器，照明用电源线 |

③ Y 系列通用橡套电缆（Y 表示移动电缆）　它是以硫化橡胶作绝缘层，以非燃氯丁橡胶作护套，具有抗砸、抗拉和能承受较大的机械应力的作用，同时还具有很好的移动使用性。适用于在一般场合下作各种电气设备、电动工具仪器和照明电器等移动式电源线。长期最高工作温度均为 65℃。常用品种如表 1-5 所示。

表 1-5　Y 系列通用橡套电缆常用品种

| 产品名称 | 型号 | 交流工作电压/V | 特点和用途 |
|---|---|---|---|
| 轻型橡套电缆 | YQ | 250 | 轻型移动电气设备和日用电器电源线 |
| | YQW | | 同上。具有耐气候和一定的耐油性能 |
| 中型橡套电缆 | YZ | 500 | 各种移动电气设备和农用机械电源线 |
| | YZW | | 同上。具有耐气候和一定的耐油性能 |
| 重型橡套电缆 | YC | 500 | 同 YZ 型。能承受较大的机械外力作用 |
| | YCW | | 同上。具有耐气候和一定的耐油性能 |

注：Q—轻型；W—户外型；Z—中型；C—重型。

仅了解电力线的系列和应用范围是无法做到准确选用导线的。要准确选用导线，首先通过负载的大小得出负载电流值，然后根据应用范围选出电力线的系列，最后由电力线的安全载流量表获得电力线的规格。

**（3）电力线的安全载流量**

电力线的安全载流量以列表的方式将其列出，如表 1-6～表 1-9 所示，使用时查对即可。

表 1-6　塑料绝缘线安全载流量　　　　　　　　　　　　　　　/A

| 导线截面积/mm² | 芯线股数/（单股直径/mm） | 明线安装 | | 穿钢管(一管)安装 | | | | | | 穿塑料管(一管)安装 | | | | | |
|---|---|---|---|---|---|---|---|---|---|---|---|---|---|---|---|
| | | | | 二线 | | 三线 | | 四线 | | 二线 | | 三线 | | 四线 | |
| | | 铜 | 铝 | 铜 | 铝 | 铜 | 铝 | 铜 | 铝 | 铜 | 铝 | 铜 | 铝 | 铜 | 铝 |
| 1.0 | 1/1.13 | 17 | | 12 | | 11 | | 10 | | 10 | | 10 | | 9 | |
| 1.5 | 1/1.37 | 21 | 16 | 17 | 13 | 15 | 11 | 14 | 10 | 14 | 11 | 13 | 10 | 11 | 9 |
| 2.5 | 1/1.76 | 28 | 22 | 23 | 17 | 21 | 16 | 19 | 13 | 21 | 15 | 18 | 14 | 17 | 12 |
| 4 | 1/2.24 | 35 | 28 | 30 | 23 | 27 | 21 | 24 | 19 | 27 | 21 | 24 | 19 | 22 | 17 |

| 导线截面积/mm² | 芯线股数/(单股直径/mm) | 明线安装 | | 穿钢管(一管)安装 | | | | | | 穿塑料管(一管)安装 | | | | | |
|---|---|---|---|---|---|---|---|---|---|---|---|---|---|---|---|
| | | | | 二线 | | 三线 | | 四线 | | 二线 | | 三线 | | 四线 | |
| | | 铜 | 铝 | 铜 | 铝 | 铜 | 铝 | 铜 | 铝 | 铜 | 铝 | 铜 | 铝 | 铜 | 铝 |
| 6 | 1/2.73 | 48 | 37 | 41 | 30 | 36 | 28 | 32 | 24 | 36 | 27 | 31 | 23 | 28 | 22 |
| 10 | 7/1.33 | 65 | 51 | 56 | 42 | 49 | 38 | 43 | 33 | 49 | 36 | 42 | 33 | 38 | 29 |
| 16 | 7/1.70 | 91 | 69 | 71 | 55 | 64 | 49 | 56 | 43 | 62 | 48 | 56 | 42 | 49 | 38 |
| 25 | 7/2.12 | 120 | 91 | 93 | 70 | 82 | 61 | 74 | 57 | 82 | 63 | 74 | 56 | 65 | 50 |
| 35 | 7/2.50 | 147 | 113 | 115 | 87 | 100 | 78 | 91 | 70 | 104 | 78 | 91 | 69 | 81 | 61 |
| 50 | 19/1.83 | 187 | 143 | 143 | 108 | 127 | 96 | 113 | 87 | 130 | 99 | 114 | 88 | 102 | 78 |
| 70 | 19/2.14 | 230 | 178 | 178 | 135 | 159 | 124 | 143 | 110 | 160 | 126 | 145 | 113 | 128 | 100 |
| 95 | 19/2.50 | 282 | 216 | 216 | 165 | 195 | 148 | 173 | 132 | 199 | 151 | 178 | 137 | 160 | 121 |

表 1-6 中所列的安全载流量是根据线芯最高允许温度为 65℃，周围空气温度为 35℃ 而定的。当实际空气温度超过 35℃ 的地区（指当地最热月份的平均最高温度），导线的安全载流量应乘以表 1-7 中所列的校正系数。表 1-8、表 1-9 也都应考虑校正系数。

**表 1-7　绝缘线安全载流量的温度校正系数**

| 环境最高平均温度/℃ | 35 | 40 | 45 | 50 | 55 |
|---|---|---|---|---|---|
| 校正系数 | 1.0 | 0.91 | 0.82 | 0.71 | 0.58 |

**表 1-8　橡胶绝缘线安全载流量**　　　　　　　　　　　　　　　　/A

| 导线截面积/mm² | 芯线股数/(单股直径/mm) | 明线安装 | | 穿塑料管（一管）安装 | | | | | | 穿钢管（一管）安装 | | | | | |
|---|---|---|---|---|---|---|---|---|---|---|---|---|---|---|---|
| | | | | 二线 | | 三线 | | 四线 | | 二线 | | 三线 | | 四线 | |
| | | 铜 | 铝 | 铜 | 铝 | 铜 | 铝 | 铜 | 铝 | 铜 | 铝 | 铜 | 铝 | 铜 | 铝 |
| 1.0 | 1/1.13 | 18 | | 13 | | 12 | | 10 | | 11 | | 10 | | 10 | |
| 1.5 | 1/1.37 | 23 | 16 | 17 | 13 | 16 | 12 | 15 | 10 | 15 | 12 | 14 | 11 | 12 | 10 |
| 2.5 | 1/1.76 | 30 | 24 | 24 | 18 | 22 | 17 | 20 | 14 | 22 | 17 | 19 | 15 | | 13 |
| 4 | 1/2.24 | 32 | 30 | 32 | 24 | 29 | 22 | 26 | 20 | 29 | 22 | 26 | 20 | 23 | 17 |
| 6 | 1/2.73 | 50 | 39 | 43 | 33 | 37 | 28 | 34 | 26 | 37 | 29 | 33 | 25 | 30 | 23 |
| 10 | 7/1.33 | 74 | 57 | 59 | 45 | 52 | 40 | 46 | 34.5 | 51 | 38 | 45 | 35 | 39 | 30 |
| 16 | 7/1.70 | 95 | 74 | 75 | 57 | 67 | 51 | 60 | 45 | 66 | 50 | 59 | 45 | 52 | 40 |
| 25 | 7/2.12 | 126 | 96 | 98 | 75 | 87 | 66 | 78 | 59 | 87 | 67 | 78 | 59 | 69 | 52 |
| 35 | 7/2.50 | 156 | 120 | 121 | 92 | 106 | 82 | 95 | 72 | 109 | 83 | 96 | 73 | 85 | 64 |
| 50 | 19/1.83 | 200 | 152 | 151 | 115 | 134 | 102 | 119 | 91 | 139 | 104 | 121 | 94 | 107 | 82 |
| 70 | 19/2.14 | 247 | 191 | 186 | 143 | 167 | 130 | 150 | 115 | 169 | 133 | 152 | 117 | 135 | 104 |
| 95 | 19/2.50 | 300 | 230 | 225 | 174 | 203 | 156 | 182 | 139 | 208 | 160 | 186 | 143 | 169 | 130 |
| 120 | 37/2.00 | 346 | 268 | 260 | 200 | 233 | 182 | 212 | 165 | 242 | 182 | 217 | 165 | 197 | 147 |

| 导线截面积/mm² | 芯线股数/(单股直径)/mm | 明线安装 | | 穿塑料管（一管）安装 | | | | | | 穿钢管（一管）安装 | | | | | |
|---|---|---|---|---|---|---|---|---|---|---|---|---|---|---|---|
| | | | | 二线 | | 三线 | | 四线 | | 二线 | | 三线 | | 四线 | |
| | | 铜 | 铝 | 铜 | 铝 | 铜 | 铝 | 铜 | 铝 | 铜 | 铝 | 铜 | 铝 | 铜 | 铝 |
| 150 | 37/2.24 | 407 | 312 | 294 | 226 | 268 | 208 | 243 | 191 | 277 | 217 | 252 | 197 | 230 | 178 |
| 185 | 37/2.50 | 468 | 365 | | | | | | | | | | | | |
| 240 | 61/2.24 | 570 | 442 | | | | | | | | | | | | |
| 300 | 61/2.50 | 668 | 520 | | | | | | | | | | | | |
| 400 | 61/2.85 | 815 | 632 | | | | | | | | | | | | |
| 500 | 91/2.62 | 950 | 738 | | | | | | | | | | | | |

表 1-9　护套线和软导线安全载流量　　　　　　　　　　　/A

| 导线截面积/mm² | 护套线 | | | | | | | | 软导线(芯线) | | |
|---|---|---|---|---|---|---|---|---|---|---|---|
| | 双根芯线 | | | | 三根或四根芯线 | | | | 单根 | 双根 | 双根 |
| | 塑料绝缘 | | 橡胶绝缘 | | 塑料绝缘 | | 橡胶绝缘 | | 塑料绝缘 | | 橡胶绝缘 |
| | 铜 | 铝 | 铜 | 铝 | 铜 | 铝 | 铜 | 铝 | 铜 | 铜 | 铜 |
| 0.5 | 7 | | 7 | | 4 | | 4 | | 8 | 7 | 7 |
| 0.75 | | | | | | | | | 13 | 10.5 | 9.5 |
| 0.8 | 11 | | 10 | | 9 | | 9 | | 14 | 11 | 10 |
| 1.0 | 13 | | 11 | | 9.6 | | 10 | | 17 | 13 | 11 |
| 1.5 | 17 | 13 | 14 | 12 | 10 | 8 | 10 | 8 | 21 | 17 | 14 |
| 2.0 | 19 | | 17 | | 13 | | 12 | 12 | 25 | 18 | 17 |
| 2.5 | 23 | 17 | 18 | 14 | 17 | 14 | 16 | 16 | 29 | 21 | 18 |
| 4.0 | 30 | 23 | 28 | 21 | 18 | 19 | 21 | | | | |
| 6.0 | 37 | 29 | | | 27 | 28 | 22 | | | | |

**（4）电力线的选用**

先要根据用途选定导线的系列及型号，再由负载的性质及大小来确定负载的电流值，最后选定导线的规格。具体有以下一般原则。

① 按使用的环境和敷设的方法选择导线的类型

a．塑料绝缘电线。绝缘性能良好、价格低廉，但不耐高温、易老化，明敷或穿管均可，不适于在户外敷设。

b．橡胶绝缘线。绝缘性能良好、耐油性较差，可用于在一般环境中使用，多用于户外或穿管敷设。

c．氯丁橡胶绝缘线。耐油性好、不易燃、不易发霉、耐气候性好，可在户外敷设。

d．裸电线。结构简单、价格便宜、安装和维修方便，架空敷设时应选用裸绞线，并以铝绞线和铜芯铝绞线为宜。

② 按机械强度选择导线（线芯）的最小允许截面积如表 1-10 所示。

表 1-10　按机械强度选择导线的最小允许截面积

| 序号、用途 | | | 线芯最小截面积/mm² | | |
|---|---|---|---|---|---|
| | | | 铜芯软线 | 铜芯硬线 | 铝线 |
| 照明用灯头引下线 | 民用建筑户内 | | 0.4 | 0.5 | 1.5 |
| | 工业建筑户内 | | 0.5 | 0.8 | 2.5 |
| | 户外 | | 1.0 | 1.0 | 2.5 |
| 移动用电设备 | 生活用 | | 0.2 | — | — |
| | 生产用 | | 1.0 | — | — |
| 架设在绝缘支持件上的绝缘导线/支点间距 | 1m 以下 | 户内 | — | 1.0 | 1.5 |
| | | 户外 | | 1.5 | 2.5 |
| | 2m 及以下 | 户内 | — | 1.0 | 2.5 |
| | | 户外 | | 1.5 | 2.5 |
| | 6m 及以下 | | — | 2.5 | 4.0 |
| | 12m 及以下 | | — | 2.5 | 6.0 |
| 低压进户绝缘线 | 挡距 10m 以下 | | — | 2.5 | 4.0 |
| | 挡距 10～25m | | — | 4.0 | 6.0 |
| 穿管敷设 | | | 1.0 | 1.0 | 2.5 |
| 架空线路 | | | 钢芯铝线 | 铝及铝合金线 | |
| | 35kV | | 25 | 35 | |
| | 6～10kV | | 25 | 35 | |
| | 1kV 以下 | | 16 | 16 | |

③ 按允许温升（即安全载流量）选择导线的截面积　按允许安全载流量选择导线的截面积应满足以下条件：

$$I_{js} \leqslant I_Y$$

式中，$I_{js}$ 为线路中的计算电流，$I_Y$ 为电线电缆的允许安全载流量。

④ 常用导线类型的选用还应考虑

a. 根据允许的电压损失选择导线的截面积。

b. 经济和实用。以导电体"以铝代铜"、绝缘材料"以塑料代橡胶"和电缆护层"以铝代铅"的原则选择导线。

## 1.3.3　绝缘材料

绝缘材料又称电介质。绝缘材料电导率极低，主要用于隔离带电的或不同电位的导体，使电流能按预定的方向流动。绝缘材料经常还起机械支撑、保护导体及防晕、灭弧等作用。电工绝缘材料分气体、液体和固体三大类。影响绝缘材料电导率的因素主要是杂质、温度和湿度。绝缘材料受潮后，绝缘电阻会显著下降。为提高设备的绝缘强度，必须避免在固体电介质中存在气泡和电介质受潮。

**（1）常用的绝缘材料**

① 绝缘漆 绝缘漆包括浸渍漆和涂覆漆两大类。浸渍漆主要浸渍电机、电器的线圈和绝缘零部件，用以填充其间隙和微孔，以提高它们的绝缘和机械强度。浸渍漆分为有溶剂浸渍漆和无溶剂浸渍漆两类。涂覆漆包括覆盖漆、硅钢片漆、漆包线漆、防电晕漆和磁漆等。它们都是用来涂覆经浸渍漆处理后的电机、电器的线圈和绝缘零部件，以在被漆物表面形成连续而均匀的漆膜，作为绝缘保护膜。

② 绝缘胶 常用的绝缘胶有黄电缆胶、黑电缆胶、环氧电缆胶、环氧树脂胶、环氧聚酯胶等。多用于浇注电缆接线盒和终端盒。

③ 绝缘油 绝缘油有天然矿物油、天然植物油和合成油。天然矿物油有变压器油、开关油、电容器油、电缆油等，多用于大型变压器的绝缘及散热等作用。天然植物油有蓖麻油、大豆油等。合成油有氯化联苯、甲基硅油、苯甲基硅油等。实践证明，空气中的氧和温度是引起绝缘油老化的主要因素，而许多金属对绝缘油的老化起催化作用。

④ 绝缘制品 绝缘制品的种类繁多，主要有绝缘纤维制品、浸渍纤维制品、绝缘层压制品、电工用塑料、云母制品、石棉制品、绝缘薄膜及其复合制品、电工玻璃与陶瓷、电工橡胶及电工绝缘包扎带（如黑胶布，聚氯乙烯带）等。

**（2）绝缘材料的主要性能指标**

绝缘材料大部分是有机材料，其耐热性、机械强度和寿命比金属材料低得多。促使绝缘材料老化的主要原因，在低压电器设备中是过热，在高压设备中是局部放电。绝缘材料是电工产品最薄弱的环节，许多故障发生在绝缘部分。因而要了解其性能特点，合理地利用绝缘材料。常用固体绝缘材料的主要性能指标有：击穿强度、耐热性、绝缘电阻、机械强度等。

① 击穿强度 当绝缘材料中的电场强度高于某一数值时，绝缘材料会被损坏，失去绝缘性能，这种现象称为击穿。此电场强度称为击穿强度，单位为 kV/mm。

② 耐热性 影响绝缘材料老化的因素很多，主要是热的因素，电工绝缘材料的使用寿命取决于在什么温度下工作。为避免加速材料的老化，绝缘材料按使用过程中允许的最高温度分为 7 个耐热等级，并规定了各自的极限工作温度，应注意区别使用。

③ 绝缘电阻 绝缘材料的微小漏电流由两部分组成，一部分流经绝缘材料内部，另一部分沿绝缘材料表面流动。因而绝缘材料的表面电阻率和体积电阻率是不同的。对各种不同的绝缘材料通常用表面电阻率和体积电阻率加以比较。

④ 机械强度 各种绝缘材料相应有抗张、抗压、抗剪、抗撕、抗冲击等各种强度指标，在一些特殊场合应查阅其性能指标方可使用。

使用绝缘材料有时还要考虑其耐油性、渗透性、伸长率、收缩率、耐溶剂性、耐电弧性等。

## 1.3.4 磁性材料

根据材料在外磁场作用下呈现出磁性的强弱，可分为强磁性和弱磁性两类。工程上使用的磁性材料都属于强磁性物质。常用磁性材料主要有电工用纯铁、硅钢片、铝镍钴合金等。

磁性材料按其特性不同，分为软磁材料和硬磁材料（又称永磁材料）两大类。

**（1）软磁材料**

因为这类材料在较弱的外界磁场作用下就能产生较强的磁感应，且随着外磁场的增强，很快达到磁饱和状态；而当外磁场去掉后，它的磁性就基本消失，所以软磁材料的主要特点是磁导率高、剩磁少、磁滞损耗（铁损）小。常用的有硅钢片和电工用纯铁两种。

硅钢片作为常用的软磁材料，其主要特性是磁导率高、铁损耗小、电阻率高，适用于各种交变磁场，有热轧硅钢片、冷轧无取向硅钢片和冷轧有取向硅钢片。机修电工常用的硅钢板厚度有 0.35mm 和 0.5mm 两种，前者多用于各种变压器和电器，后者用于各种交直流电机。

电工用纯铁材料具有良好的软磁特性，电阻率很低，一般只用于直流磁场。

**（2）硬磁材料**

这类材料在外磁场的作用下，不容易产生较强的磁感应，但当其达到磁饱和状态以后，即使把外磁场去掉，还能保持较强磁性。硬磁材料的主要特点是剩磁多、磁滞损耗大、磁性稳定。常用的硬磁材料有铝镍钴合金及铝镍钴钛合金。主要用来制造永磁电机和微电机的磁极铁芯。

 **任务练习作业**

（1）给出负载情况，选定导线型号及规格，并填入记录表（表 1-11）。

表 1-11　记录表

| 负载情况 | 导线名称 | 导线型号及规格 |
| --- | --- | --- |
| 日光灯 40W、3 只；<br>台灯 40W、1 盏；<br>插座 5A | 总进线 | |
| | 日光灯用线 | |
| | 台灯引线 | |
| | 插座接线 | |
| 三相异步电动机 3kW、5.8A、1 台 | 电动机引线 | |
| 三相电烘箱 12kW、1 台 | 电烘箱三相进线 | |

（2）试述软磁材料和硬磁材料的主要用途。有一种磁性非常稳定的硬磁材料称为矩磁材料，你知道它的主要用途吗？

项目2

# 电工基础实验

 **项目综述**

　　本项目的设置以课堂实验为主，目的是：①巩固和深化所学的理论知识，理论实践相结合，进而提高分析问题和解决问题的能力；②训练学生电工实践方面的基本技能，使学生掌握元器件的辨识与使用、基本电工电子设备的调试和操作；③帮助学生由浅入深地掌握电工基本定理、定律，培养实验研究、独立分析与解决问题的能力，培养团队协作精神及创新精神。

　　本项目的电路参数以浙江天煌教仪的高性能电工实验装置为基础进行介绍，读者可根据自己的实验条件进行修改。原理不变、参数可调、巩固基础、应用为主，这就是本项目的学习目标，希望读者有一个清晰的认识。

## 任务1　常用元件的认识及检测

**任务能力目标**

- 掌握常用元件的识别与判定
- 掌握电阻的测量原理及方法
- 熟悉万用表、直流稳压电源、电压表和电流表使用方法

### 2.1.1　实验原理说明

　　用万用表可以对电阻、电容、晶体二极管、三极管等进行粗测。指针式万用表电阻挡等值电路如图2-1所示，其中的$R_0$为等效电阻，$E_0$为表内电池，当万用表处于$R×1$、$R×100$、$R×1k$挡时，一般，$E_0=1.5V$，而处于$R×10k$挡时，$E_0=15V$。测试

电阻时要记住，指针万用表的红表笔接在表内电池负端（表笔插孔标"+"号），而黑表笔接在正端（表笔插孔标以"－"号）。数字万用表的内部电池极性与指针式相反，红接正极，黑接负极。

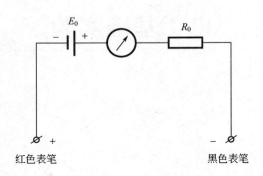

图 2-1　指针式万用表电阻挡等值电路

**（1）电阻的识别**

电阻器是电气、电子设备中最常用的元件之一，主要用于控制和调节电路中的电流和电压，或作为消耗电能的负载。它有线性电阻和非线性电阻两大类，有固定电阻和可变电阻之分，可变电阻通常称为电位器，当然还可按材料、功率以及精确度分类。

① 固定电阻

a. 电阻器的型号如表 2-1 所示，电阻器的型号由四部分（主称、材料、类别、序号）组成。

例如：精密金属膜电阻器 RJ73。

第一部分：主称 R—电阻器；第二部分：材料 J—金属膜；第三部分：类别 7—精密；第四部分：序号 3。

又如：多圈线绕电位器 WXD3。

第一部分：主称 W—电位器；第二部分：材料 X—线绕；第三部分：类别 D—多圈；第四部分：序号 3。

电阻器（电位器、电容器）的标称有 E24、E12、E6 系列，相应允许误差分别为Ⅰ级（±5%）、Ⅱ级（±10%）、Ⅲ级（±20%）。

b. 常用固定电阻的阻值和允许偏差的标注方法

● 直标法　将阻值和误差直接用数字和字母印在电阻上（无误差标示为允许误差±20%），如图 2-2 所示。

● 色环表示法　将不同颜色的色环涂在电阻器（或电容器）上来表示电阻（电容器）的标称值及允许误差。各种颜色代表的数值见表 2-2。读数规则如图 2-3 所示。

表 2-1  电阻器的型号命名方法

| 第一部分 | | | 第二部分 | | 第三部分 | | | 第四部分 |
|---|---|---|---|---|---|---|---|---|
| 主称 | 符号 | 意义 | 符号 | 意义 | 符号 | 电阻器 | 电位器 | 序号：对主称、材料相同，仅性能指标、尺寸大小有区别，但基本不影响互换使用的产品，给同一序号；若性能指标、尺寸大小明显影响互换时，则在序号后面用大写字母作为区别代号 |
| | R | 电阻器 | T | 碳膜 | 1 | 普通 | 普通 | |
| | | | H | 合成膜 | 2 | 普通 | 普通 | |
| | | | S | 有机实芯 | 3 | 超高频 | — | |
| | | | N | 无机实芯 | 4 | 高阻 | — | |
| | | | J | 金属膜 | 5 | 高温 | — | |
| | | | Y | 氧化膜 | 6 | — | — | |
| | | | C | 沉积膜 | 7 | 精密 | 精密 | |
| | | | I | 玻璃釉膜 | 8 | 高压 | 特殊函数 | |
| | | | P | 硼酸膜 | 9 | 特殊 | 特殊 | |
| | | 材料 | U | 硅酸膜 | 类别 | G | 高功率 | |
| | | | X | 线绕 | T | 可调 | — | |
| | W | 电位器 | M | 压敏 | W | 稳压式 | 微调 | |
| | | | G | 光敏 | D | — | 多圈 | |
| | | | R | 热敏 | B | 温度补偿用 | — | |
| | | | | | C | 温度测量用 | — | |
| | | | | | P | 旁热式 | — | |
| | | | | | Z | 正温度系数 | — | |

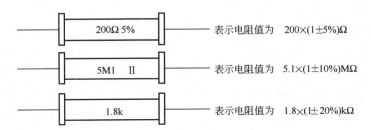

图 2-2  标称电阻的直标法

表 2-2  电阻器色标符号意义

| 色环颜色 | 第一色环 | 第二色环 | 第三色环 | 第四色环 |
|---|---|---|---|---|
| | 有效数字第一位数 | 有效数字第二位数 | 应乘倍数 | 允许误差 |
| 黑 | 0 | 0 | $10^0$ | — |
| 棕 | 1 | 1 | $10^1$ | ±1% |
| 红 | 2 | 2 | $10^2$ | ±2% |
| 橙 | 3 | 3 | $10^3$ | — |
| 黄 | 4 | 4 | $10^4$ | — |
| 绿 | 5 | 5 | $10^5$ | ±0.5% |
| 蓝 | 6 | 6 | $10^6$ | ±0.2% |

续表

| 色环颜色 | 第一色环 | 第二色环 | 第三色环 | 第四色环 |
|---|---|---|---|---|
| | 有效数字第一位数 | 有效数字第二位数 | 应乘倍数 | 允许误差 |
| 紫 | 7 | 7 | $10^7$ | ±0.1% |
| 灰 | 8 | 8 | $10^8$ | — |
| 白 | 9 | 9 | $10^9$ | ±50%～±20% |
| 金 | — | — | $10^{-1}$ | ±5% |
| 银 | — | — | $10^{-2}$ | ±10% |
| 无色 | — | — | — | ±20% |

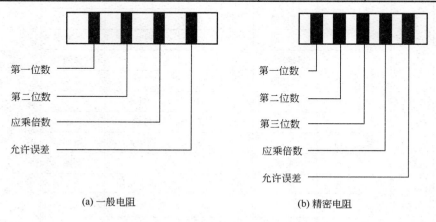

(a) 一般电阻        (b) 精密电阻

图 2-3　固定电阻色环标示读数识别方法

例如：黄紫红金　　　　　　　　　表示 $4.7×(1±5\%)kΩ$。

红橙黄　　　　　　　　　　表示 $230×(1±20\%)kΩ$。

棕紫绿金棕　　　　　　　表示 $17.5×(1±1\%)Ω$。

② 可变电阻器　可变电阻器一般称电位器，当旋转它时，其电阻值会随旋转角度的变化而变化。有圆柱形、长方体形等多种形状的电位器，从结构上分有直滑式、旋转式、带开关式、多连式、多圈式、微调式和无接触式等多种形式。电阻体材料有碳膜、合成膜、有机导电体、金属玻璃釉和合金电阻丝等。最常用的一种是碳膜电位器，其价格低廉。在精确调节时，易采用多圈电位器或精密电位器。

### （2）电阻的测量

线性电阻的阻值不随加在电阻上的电压的变化而变化，可以通过万用表的电阻挡进行测量，也可以用伏安法测量（即先用直流电压表和直流电流表测出电阻上相应的电压和电流值，然后利用欧姆定律 $R=U/I$，计算电阻值）。其测量电路如图 2-4 所示，当被测电阻 $R_x$ 较大时，采用电流表内接法；当 $R_x$ 较小时，采用电流表外接法。

对于非线性电阻，其阻值随使用条件的变化而变化，如热敏电阻是温度与电阻有关系，压敏电阻是压力与电阻有关系等。

### （3）电容器故障测试及容量鉴别

① 故障测试　电容器常见故障有漏电、断路、短路等，可用万用表来进行其好坏

判断。

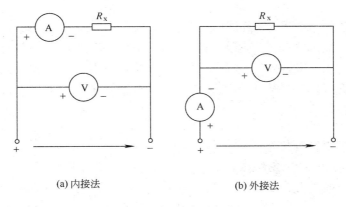

(a) 内接法             (b) 外接法

图 2-4 伏安法测电阻

a．漏电测试。用万用表的欧姆挡的 $R\times10k$ 或 $R\times1k$ 挡测电容器的漏电阻。两表笔分别接触电容器的引线端子，万用表指针将先摆向零，然后慢慢反向退回到无穷大附近。当指针稳定后，所指示值即为该电容器的漏电电阻。若指针离无穷大较远，表明电容器漏电严重，不能使用。

b．断路测试。用万用表两表笔分别接触电容器的引线端子，如表针不动，将表笔对调后再测试，表笔仍不动，说明电容器已断路。

测试时，应根据电容器的容量选择万用表的欧姆挡。容量越小，选择挡级越高。对于 0.01μF 以下的小电容，用万用表不能判断其是否断路，只能用其他仪表进行鉴别（如 Q 表、电容表等）。对于 0.01μF 以上的电容器，用万用表测量时，必须根据电容容量的大小，选取合适量程才能正确判断。如测 0.01～0.47μF 的电容器用 $R\times1k$ 挡；测 0.47～10μF 的电容器用 $R\times1k$ 挡；测 10～300μF 电容器用 $R\times100$ 挡；测 300μF 以上电容器可用 $R\times10$ 挡或 $R\times1$ 挡。

c．电容器短路测量。用万用表的 $R\times1$ 挡，两表笔分别接电容器两端子，如指示值很小或为零，且指针不返回，说明电容器已被击穿，不能使用。

② 电容器容量的标示方法　电容器的容量的标示方法主要有两种。

a．直标法。一般标注在电容器的外壳上，可直接读取。国际电工委员会推荐的标示方法（P、n、μ、m 表示法）：用 2～4 位数字表示容量的有效数字，再用字母表示数值的量级。如：

| | | | |
|---|---|---|---|
| 1p2 | 表示：1.2pF； | 220n | 表示：220nF=0.022μF； |
| 3μ5 | 表示：3.5μF； | 2m6 | 表示：2600μF。 |

b．色标法。原则上与电阻器的色标法相同，见表 2-2 的规定，其单位是 pF（皮法）。若电容器的标注被擦除或看不清时，可用电容表进行测量。

③ 电解电容器极性的判别　电解电容器的正、负极性不允许接错，当极性接反时，因电解液的反向极化，可能引起电解电容器的爆裂。当极性标记无法辨认时，可根据正向连接时漏电电阻大、反向相对小的特点判别极性。用万用表测量电解电容器的漏电阻，然后将两表笔对调再测一次。将两次所测得的阻值对比，漏电阻小的那一次，黑表笔所

接触的就是电解电容器的负极。

### （4）电感器故障测试及容数值测定

电感器常见的故障为断路。用万用表的欧姆 $R{\times}10$ 挡或 $R{\times}1$ 挡测电感器的阻值，若为无穷大，表明电感器断路；若电阻值很小，表明电感器正常。常用固定电感器的电感量一般是用数字直接标在外壳上，可直接读取。若数字不清或被擦除，则必须用高频 Q 表或电桥等仪器进行测量。

### （5）晶体二极管管脚极性、质量的判别

晶体二极管由一个 PN 结组成，具有单向导电性，其正向电阻小（一般为几百欧），而反向电阻大（一般为几十千欧至几百千欧），利用此点可进行判别。

① 管脚极性判别　将万用表拨到 $R{\times}100$（或 $R{\times}1k$）的欧姆挡，把二极管的两只管脚分别接到万用表的两根测试笔上，如图 2-5 所示。如果测出的电阻较小（约几百欧），则与万用表黑表笔相接的一端是正极，另一端就是负极。相反，如果测出的电阻较大（约百千欧），那么与万用表黑表笔相连接的一端是负极，另一端就是正极。

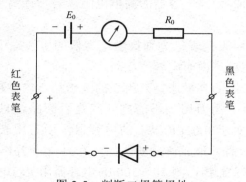

图 2-5　判断二极管极性

② 判别二极管质量的好坏　一个二极管的正、反向电阻差别越大，其性能就越好。如果双向电值都较小，说明二极管质量差，不能使用；如果双向阻值都为无穷大，则说明该二极管已经断路。如双向阻值均为零，说明二极管已被击穿。

利用数字万用表的二极管挡也可判别正、负极，此时红表笔（插在"V·Ω"插孔）带正电，黑表笔（插在"COM"插孔）带负电。用两支表笔分别接触二极管两个电极，若显示值在 1V 以下，说明管子处于正向导通状态，红表笔接的是正极，黑表笔接的是负极。若显示溢出符号"1"，表明管子处于反向截止状态，黑表笔接的是正极，红表笔接的是负极。

### （6）晶体三极管管脚、质量判别

可以把晶体三极管的结构看作是两个背靠背的 PN 结，对 NPN 型来说，基极是两个 PN 结的公共阳极；对 PNP 型管来说，基极是两个 PN 结的公共阴极，分别如图 2-6 所示。

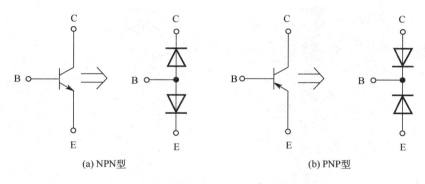

(a) NPN型　　　　　　　　　(b) PNP型

图 2-6　晶体三极管结构示意图

① 管型与基极的判别　万用表置电阻挡，量程选 1k 挡（或 $R\times100$），将万用表任一表笔先接触某一个电极—假定的公共极，另一表笔分别接触其他两个电极，当两次测得的电阻均很小（或均很大），则前者所接电极就是基极，如两次测得的阻值一大、一小，相差很多，则前者假定的基极有错，应更换其他电极重测。

根据上述方法，可以找出公共极，该公共极就是基极 B，若公共极是阳极，该管属 NPN 型管，反之则是 PNP 型管。

② 发射极与集电极的判别　为使三极管具有电流放大作用，发射结需加正偏置，集电结加反偏置。如图 2-7 所示。

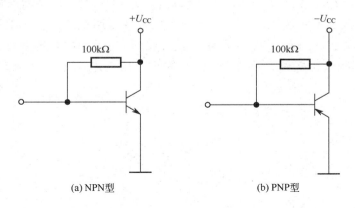

(a) NPN型　　　　　　　　　(b) PNP型

图 2-7　晶体三极管的偏置情况

当三极管基极 B 确定后，便可判别集电极 C 和发射极 E，同时还可以大致了解穿透电流 $I_{CEO}$ 和电流放大系数 $\beta$ 的大小。

以 PNP 型管为例，若用红表笔（对应表内电池的负极）接集电极 C，黑表笔接 E 极，（相当 C、E 极间电源正确接法），如图 2-8 所示，这时万用表指针摆动很小，它所指示的电阻值反映管子穿透电流 $I_{CEO}$ 的大小（电阻值大，表示 $I_{CEO}$ 小）。如果在 C、B 间跨接一只 $R_B=100\text{k}\Omega$ 电阻，此时万用表指针将有较大摆动，它指示的电阻值较小，反映了集电极电流 $I_C=I_{CEO}+\beta I_B$ 的大小，且电阻值减小愈多表示 $\beta$ 愈大。如果 C、E 极接反（相当于 C-E 间电源极性反接），则三极管处于倒置工作状态，此时电流放大系数很小（一般 <1），于是万用表指针摆动很小。因此，比较 C-E 极两种不同电源极性接法，便可判

断 C 极和 E 极了。同时还可大致了解穿透电流 $I_{CEO}$ 和电流放大系数 $\beta$ 的大小，如万用表上有 $h_{FE}$ 插孔，可利用 $h_{FE}$ 来测量电流放大系数 $\beta$。

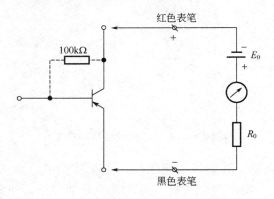

图 2-8　晶体三极管集电极 C、发射极 E 的判别

### （7）检查整流桥堆的质量

整流桥堆是把四只硅整流二极管接成桥式电路，再用环氧树脂（或绝缘塑料）封装而成的半导体器件。桥堆有交流输入端（A、B）和直流输出端（C、D），如图 2-9 所示。采用判定二极管的方法可以检查桥堆的质量。从图中可看出，交流输入端 A-B 之间总会有一只二极管处于截止状态，使 A-B 间总电阻趋向于无穷大。直流输出端 D-C 间的正向压降则等于两只硅二极管的压降之和。因此，用数字万用表的二极管挡测 A-B 的正、反向电压时均显示溢出，而测 D-C 时显示大约 1V，即可证明桥堆内部无短路现象。如果有一只二极管已经击穿短路，那么测 A-B 的正、反向电压时，必定有一次显示 0.5V 左右。

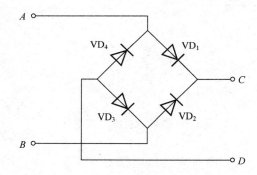

图 2-9　整流桥堆管脚及质量判别

实验设备见表 2-3。

表 2-3　实验设备

| 序号 | 名　称 | 型号与规格 | 数　量 | 备注 |
|---|---|---|---|---|
| 1 | 直流稳压电源 | 0～30V | 1 | |
| 2 | 指针式万用表 | MF-47 或其他 | 1 | 自备 |

| 序号 | 名　称 | 型号与规格 | 数　量 | 备注 |
|---|---|---|---|---|
| 3 | 直流数字毫安表 | 0～200mA | 1 | |
| 4 | 可调电阻箱 | 0～9999.9Ω | 1 | |
| 5 | 电阻器 | 按需选择 | | |

## 2.1.2　实验内容

① 学习有关规程及实验室规则，认识常用仪器，并记录本次实验选用的元件、仪器。

② 给两个不同阻值的色环电阻 $R_1$、$R_2$ 进行识别。

③ 滑线变阻器构成分压电路供电，分别按图 2-4（a）、（b）接线测量，进行伏安法测电阻实验。请注意勿将电表的正、负极接反。切勿将电流表并联在电阻上。

选（小）电阻 $R_1$，调整电压两次，记录每次相应电压表和电流表的读数，并计算出电阻值。比较两次结果，看电阻是否一致，取两次的平均值作为测量结果。以电阻器的标称值为准确值计算误差，并作记录。

选（大）电阻 $R_2$：同上进行测量，并作记录。

记录内容如下。

a. 选用主要仪器（按实际情况填），见表 2-4。

**表 2-4　主要仪器**

| 名　称 | 型号参数 | 数量 | 推荐仪器参数 |
|---|---|---|---|
| 直流稳压电源 | | 1 台 | |
| 滑线变阻器 | | 1 只 | 100Ω，≥1W |
| 直流电压表 | | 1 只 | 10V，1.0 级 |
| 直流电流表 | | 1 只 | 100mA，1.0 级 |
| 万用表 | | 1 块 | |
| 电阻、电容、电感 | | | 25Ω，1kΩ |

b. 完成实验内容要求的有关数据记录与计算，见表 2-5。

**表 2-5　数据记录与计算**

测量电阻 $R_1$：标称值 $R_{1N}=$

| 电路 | 读数值 | | 计算结果 | | |
|---|---|---|---|---|---|
| | $U$ | $I$ | $R=U/I$ | 平均值 $R_{av}$ | 误差%=$(R_{av}-R_N)/R_N$ |
| 内接法 | | | | | |
| | | | 测量结果： | | $R\pm\Delta R=$ |
| 外接法 | | | | | |
| | | | 测量结果： | | $R\pm\Delta R=$ |

测量电阻 $R_2$：标称值 $R_{2N}=$

| 电路 | 读数值 | | 计算结果 | | |
|---|---|---|---|---|---|
| | $U$ | $I$ | $R=U/I$ | 平均值 $R_{av}$ | 误差%=$(R_{av}-R_N)/R_N$ |
| 内接法 | | | | | |
| | | | 测量结果： | $R\pm\Delta R=$ | |
| 外接法 | | | | | |
| | | | 测量结果： | $R\pm\Delta R=$ | |

c．由实验结果可知：内接法适用于测量_____的电阻；外接法适用于测量_____的电阻。

实验注意事项：

① 列表记录实验数据，并计算各被测仪表的内阻值。

② 采用不同量限两次测量法时，应选用相邻的两个量限，且被测值应接近于低量限的满偏值。否则，当用高量限测量较低的被测值时，测量误差会较大。

③ 实验中所用的 MF-47 型万用表属于较精确的仪表。在大多数情况下，直接测量误差不会太大。只有当被测电压源的内阻大于 1/5 电压表内阻或者被测电流源内阻小于 5 倍电流表内阻时，采用本实验的测量、计算法才能得到较满意的结果。

## 2.1.3 实验报告

① 完成各项实验内容的计算。

② 实验的收获与体会。

# 任务 2　减小仪表测量误差的方法

## 任务能力目标

- 进一步了解电压表、电流表的内阻在测量过程中产生的误差及其分析方法
- 掌握减小因仪表内阻所引起的测量误差的方法

## 2.2.1　实验原理说明

### （1）不同量限两次测量计算法

当电压表的灵敏度不够高或电流表的内阻太大时，可利用多量限仪表对同一被测量用不同量限进行两次测量，用所得读数经计算后可得到较准确的结果。

如图 2-10 所示电路，欲测量具有较大内阻 $R_0$ 的电动势 $U_S$ 的开路电压 $U_0$ 时，如果所用电压表的内阻 $R_v$ 与 $R_0$ 相差不大时，将会产生很大的测量误差。

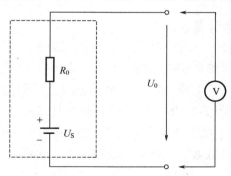

图 2-10　实验电路

设电压表有两挡量限，$U_1$、$U_2$ 分别为在这两个不同量限下测得的电压值，令 $R_{v1}$ 和 $R_{v2}$ 分别为这两个相应量限的内阻，则由图 2-10 可得出：

$$U_1 = \frac{R_{v1}}{R_0 + R_{v1}} U_S; \qquad U_2 = \frac{R_{v2}}{R_0 + R_{v2}} U_S$$

由以上两式可解得 $U_S$ 和 $R_0$。其中 $U_S$（即 $U_0$）为 $U_1 U_2 (R_{v2} - R_{v1})/(U_1 R_{v2} - U_2 R_{v1})$。

由此式可知，当电源内阻 $R_0$ 与电压表的内阻 $R_v$ 相差不大时，通过上述的两次测量结果，即可计算出开路电压 $U_0$ 的大小，且其准确度要比单次测量好得多。

对于电流表，当其内阻较大时，也可用类似的方法测得较准确的结果。如图 2-11 所示电路，不接入电流表时的电流为 $I = \dfrac{U_S}{R}$，接入内阻为 $R_A$ 的电流表 A 时，电路中的电流变为 $I' = \dfrac{U_S}{R + R_A}$。

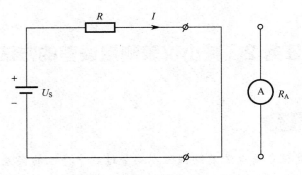

图 2-11　实验电路

如果 $R_A=R$，则 $I'=I/2$，出现很大的误差。

如果用有不同内阻 $R_{A1}$、$R_{A2}$ 的两挡量限的电流表作两次测量，并经简单的计算就可得到较准确的电流值。

按图 2-11 所示电路，两次测量得：

$$I_1 = \frac{U_S}{R + R_{A1}}; \qquad I_2 = \frac{U_S}{R + R_{A2}}$$

由以上两式可解得 $U_S$ 和 $R$，进而可得：$I = \dfrac{U_S}{R} = \dfrac{I_1 I_2 (R_{A1} - R_{A2})}{I_1 R_{A1} - I_2 R_{A2}}$。

**（2）同一量限两次测量计算法**

如果电压表（或电流表）只有一挡量限，且电压表的内阻较小（或电流表的内阻较大）时，可用同一量限两次测量法减小测量误差。其中，第一次测量与一般的测量并无区别，第二次测量时，必须在电路中串入一个已知阻值的附加电阻。

① 电压测量——测量图 2-12 所示电路的开路电压 $U_0$。

设电压表的内阻为 $R_v$。第一次测量，电压表的读数为 $U_1$。第二次测量时，应与电压表串接一个已知阻值的电阻器 $R$，电压表读数为 $U_2$。由图可知：

$$U_1 = \frac{R_v U_S}{R_0 + R_v}; \qquad U_2 = \frac{R_v U_S}{R_0 + R + R_v}$$

由以上两式可解得 $U_S$ 和 $R_0$，其中 $U_S$（即 $U_0$）为

$$U_S = U_0 = \frac{R U_1 U_2}{R_v (U_1 - U_2)}$$

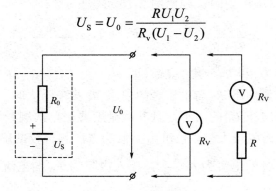

图 2-12　实验电路

② 电流测量——测量图 2-13 所示电路的电流 $I$。

设电流表的内阻为 $R_A$。第一次测量电流表的读数为 $I_1$。第二次测量时，应与电流表串接一个已知阻值的电阻器 $R$，电流表读数为 $I_2$。由图可知：

$$I_1 = \frac{U_S}{R_0 + R_A}; \qquad I_2 = \frac{U_S}{R_0 + R_A + R}$$

由以上两式可解得 $U_S$ 和 $R_0$，从而可得：

$$I = \frac{U_S}{R_0} = \frac{I_1 I_2 R}{I_2(R_A + R) - I_1 R_A}$$

由以上分析可知，当所用仪表的内阻与被测线路的电阻相差不大时，采用多量限仪表不同量限两次测量法或单量限仪表两次测量法，再通过计算就可得到比单次测量准确得多的结果。

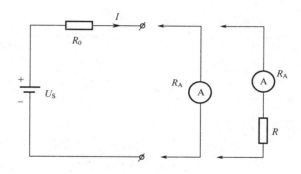

图 2-13　实验电路

实验设备见表 2-6。

表 2-6　实验设备

| 序号 | 名　称 | 型号与规格 | 数　量 | 备注 |
|---|---|---|---|---|
| 1 | 直流稳压电源 | 0～30V | 1 | DG04 |
| 2 | 指针式万用表 | MF-47 或其他 | 1 | 自备 |
| 3 | 直流数字毫安表 | 0～200mA | 1 | DG31 |
| 4 | 可调电阻箱 | 0～9999.9Ω | 1 | DG09 |
| 5 | 电阻器 | 按需选择 | — | — |

## 2.2.2　实验内容

### （1）双量限电压表两次测量法

按图 2-12 所示电路，实验中利用实验台上一路直流稳压电源，取 $U_S$=2.5V，$R_0$ 选用 50kΩ（取自电阻箱）。用指针式万用表的直流电压 2.5V 和 10V 两挡量限进行两次测量，将结果记录表 2-7 中，最后算出开路电压 $U_0'$ 之值。

表 2-7　记录表

| 万用表电压量限/V | 内阻值/kΩ | 两个量限的测量值 $U$/V | 电路计算值 $U_0$/V | 两次测量计算值 $U_0'$/V | $U$ 的相对误差值/% | $U_0'$ 的相对误差/% |
|---|---|---|---|---|---|---|
| 2.5 | | | | | | |
| 10 | | | | | | |

### （2）单量限电压表两次测量法

实验线路同上。先用上述万用表直流电压 2.5V 量限挡直接测量，得 $U_1$，然后串接 $R=10\text{k}\Omega$ 的附加电阻器再一次测量，得 $U_2$。将两次测量结果记入表 2-8 中，计算开路电压 $U_0'$ 之值。

表 2-8　记录表

| 实际计算值 $U_0$/V | 两次测量值 | | 测量计算值 $U_0'$/V | $U_1$ 的相对误差/% | $U_0'$ 的相对误差/% |
|---|---|---|---|---|---|
| | $U_1$/V | $U_2$/V | | | |
| | | | | | |

### （3）双量限电流表两次测量法

按图 2-11 线路进行实验，$U_S=0.3\text{V}$，$R=300\Omega$（取自电阻箱），用万用表 0.5mA 和 5mA 两挡电流量限进行两次测量并将结果记入表 2-9 中，计算出电路的电流 $I'$ 之值。

表 2-9　记录表

| 万用表电流量限 | 内阻值/Ω | 两个量限的测量值 $I_1$/mA | 电路计算值 $I$/mA | 两次测量计算值 $I'$/mA | $I_1$ 的相对误差/% | $I'$ 的相对误差/% |
|---|---|---|---|---|---|---|
| 0.5mA | | | | | | |
| 5mA | | | | | | |

### （4）单量限电流表两次测量法

实验线路同（3）。先用万用表 0.5mA 电流量限直接测量，得 $I_1$，再串联附加电阻 $R=30\Omega$ 进行第二次测量，得 $I_2$。将两次测量结果记入表 2-10 中并求出电路中的实际电流 $I'$ 之值。

表 2-10　记录表

| 实际计算值 $I$/mA | 两次测量值 | | 测量计算值 $I'$/mA | $I_1$ 的相对误差 % | $I'$ 的相对误差 % |
|---|---|---|---|---|---|
| | $I_1$/mA | $I_2$/mA | | | |
| | | | | | |

实验注意事项：

① 列表记录实验数据，并计算各被测仪表的内阻值。

② 采用不同量限两次测量法时，应选用相邻的两个量限，且被测值应接近于低量限的满偏值。否则，当用高量限测量较低的被测值时，测量误差会较大。

③ 实验中所用的 MF-47 型万用表属于较精确的仪表。在大多数情况下，直接测量误差不会太大。只有当被测电压源的内阻大于 1/5 电压表内阻或者被测电流源内阻小于 5 倍电流表内阻时，采用本实验的测量、计算法才能得到较满意的结果。

## 2.2.3　实验报告

① 完成各项实验内容的计算。

② 实验的收获与体会。

## 任务 3    电路元件伏安特性的测绘

**任务能力目标**

● 学会识别常用电路元件的方法
● 掌握线性电阻、非线性电阻元件伏安特性的测绘
● 掌握直流电工仪表和设备的使用方法

### 2.3.1    实验原理说明

任何一个二端元件的特性可用该元件上的端电压 $U$ 与通过该元件的电流 $I$ 之间的函数关系 $I=f(U)$ 来表示，即用 $I$-$U$ 平面上的一条曲线来表征，这条曲线称为该元件的伏安特性曲线。

线性电阻器的伏安特性曲线是一条通过坐标原点的直线，如图 2-14 中直线 $a$ 所示，该直线的斜率等于该电阻器的电阻值。

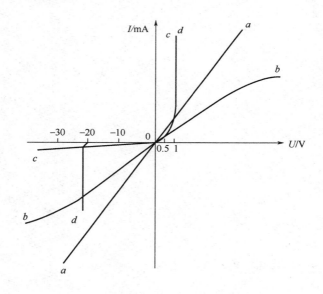

图 2-14    元件伏安特性曲线

一般的白炽灯在工作时，灯丝处于高温状态，其灯丝电阻随着温度的升高而增大，通过白炽灯的电流越大，其温度越高，阻值也越大，一般灯泡的"冷电阻"与"热电阻"的阻值可相差几倍至十几倍，所以它的伏安特性如图 2-14 中曲线 $b$ 所示。

一般的半导体二极管是一个非线性电阻元件，其伏安特性如图 2-14 中曲线 $c$ 所示。它的正向压降很小（一般的锗管约为 0.2~0.3V，硅管约为 0.5~0.7V），正向电流随正向

压降的升高而急骤上升，而反向电压从零一直增加到十至几十伏时，其反向电流增加很小，可粗略地视为零。可见，二极管具有单向导电性，但若反向电压加得过高，超过管子的极限值，则会导致管子击穿损坏。

稳压二极管是一种特殊的半导体二极管，其正向特性与普通二极管类似，但其反向特性较特别，如图 2-14 中曲线 $d$ 所示。在反向电压开始增加时，其反向电流几乎为零，但当电压增加到某一数值时（称为管子的稳压值，有各种不同稳压值的稳压管），电流将突然增加，以后它的端电压将基本维持恒定，当外加的反向电压继续升高时，其端电压仅有少量增加。

注意：流过二极管或稳压二极管的电流不能超过管子的极限值，否则管子会被烧坏。

实验设备见表 2-11。

表 2-11　实验设备

| 序号 | 名　称 | 型号与规格 | 数量 | 备注 |
| --- | --- | --- | --- | --- |
| 1 | 可调直流稳压电源 | 0～30V | 1 | DG04 |
| 2 | 万用表 | FM-47 或其他 | 1 | 自备 |
| 3 | 直流数字毫安表 | 0～200mA | 1 | D31 |
| 4 | 直流数字电压表 | 0～200V | 1 | D31 |
| 5 | 二极管 | IN4007 | 1 | DG09 |
| 6 | 稳压管 | 2CW51 | 1 | DG09 |
| 7 | 白炽灯 | 12V，0.1A | 1 | DG09 |
| 8 | 线性电阻器 | 200Ω，510Ω/8W | 1 | DG09 |

## 2.3.2　实验内容

### （1）测定线性电阻器的伏安特性

按图 2-15 接线，调节稳压电源的输出电压 $U$，从 0V 开始缓慢地增加，一直到 10V，记下相应的电压表和电流表的读数 $U_R$、$I$。如表 2-12 所示。

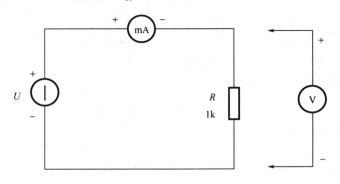

图 2-15　实验电路

表 2-12　记录表

| $U_R$/V | 0 | 2 | 4 | 6 | 8 | 10 |
|---|---|---|---|---|---|---|
| $I$/mA | | | | | | |

**（2）测定非线性白炽灯泡的伏安特性**

将图 2-15 中的 $R$ 换成一只 12V、0.1A 的灯泡，重复步骤（1）。$U_L$ 为灯泡的端电压，见表 2-13。

表 2-13　记录表

| $U_L$/V | 0.1 | 0.5 | 1 | 2 | 3 | 4 | 5 |
|---|---|---|---|---|---|---|---|
| $I$/mA | | | | | | | |

**（3）测定半导体二极管的伏安特性**

按图 2-16 接线，$R$ 为限流电阻器。测二极管的正向特性时，其正向电流不得超过 35mA，二极管 VD 的正向施压 $U_{D+}$ 可在 0～0.75V 之间取值。在 0.5～0.75V 之间应多取几个测量点。测反向特性时，只需将图 2-16 中的二极管 VD 反接，且其反向施压 $U_{D-}$ 可达 30V。

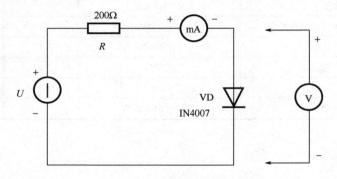

图 2-16　实验电路

正向特性实验数据如表 2-14 所示。

表 2-14　正向特性实验数据

| $U_{D+}$/V | 0.10 | 0.30 | 0.50 | 0.55 | 0.60 | 0.65 | 0.70 | 0.75 |
|---|---|---|---|---|---|---|---|---|
| $I$/mA | | | | | | | | |

反向特性实验数据如表 2-15 所示。

表 2-15　反向特性实验数据

| $U_{D-}$/V | 0 | −5 | −10 | −15 | −20 | −25 | −30 |
|---|---|---|---|---|---|---|---|
| $I$/mA | | | | | | | |

**（4）测定稳压二极管的伏安特性**

① 正向特性实验。将图 2-16 中的二极管换成稳压二极管 2CW51，重复实验内容（3）

中的正向测量，$U_{Z+}$为 2CW51 的正向施压，见表 2-16。

表 2-16 正向特性实验数据

| $U_{Z+}$/V | 0.10 | 0.30 | 0.50 | 0.55 | 0.60 | 0.65 | 0.70 | 0.75 |
|---|---|---|---|---|---|---|---|---|
| $I$/mA | | | | | | | | |

② 反向特性实验。将图 2-16 中的 $R$ 换成 510Ω，2CW51 反接，测量 2CW51 的反向特性。稳压电源的输出电压 $U_0$ 在 0～20V 之间取值，测量 2CW51 两端的电压 $U_{Z-}$ 及电流 $I$，并记录在表 2-17 中，由 $U_{Z-}$ 可看出其稳压特性。

表 2-17 反向特性实验

| $U_0$/V | 0 | −5 | −10 | −15 | −20 |
|---|---|---|---|---|---|
| $U_{Z-}$/V | | | | | |
| $I$/mA | | | | | |

实验注意事项：

① 测二极管正向特性时，稳压电源输出应由小至大逐渐增加，应时刻注意电流表读数不得超过 35mA。

② 如果要测定 2AP9 的伏安特性，则正向特性的电压值应取 0，0.10，0.13，0.15，0.17，0.19，0.21，0.24，0.30（V），反向特性的电压值取 0，2，4，…，10（V）。

③ 进行不同实验时，应先估算电压和电流值，合理选择仪表的量程，勿使仪表超量程，仪表的极性亦不可接错。

## 2.3.3 实验报告

① 根据各实验数据，分别在方格纸上绘制出光滑的伏安特性曲线，其中二极管和稳压管的正、反向特性均要求画在同一张图中，正、反向电压可取为不同的比例尺。

② 根据实验结果，总结、归纳被测各元件的特性。

③ 必要的误差分析。

# 任务 4　电位、电压的测定及电路电位图的绘制

## 任务能力目标

● 验证电路中电位的相对性、电压的绝对性
● 掌握电路电位图的绘制方法

### 2.4.1　实验原理说明

在一个闭合电路中，各点电位的高低视所选的电位参考点的不同而变，但任意两点间的电位差（即电压）则是绝对的，它不因参考点的变动而改变。

电位图是一种平面坐标一、四两象限内的折线图，其纵坐标为电位值，横坐标为各被测点。要制作某一电路的电位图，先以一定的顺序对电路中各被测点编号。如图 2-17 中的测点 $A \sim F$，在坐标横轴上按顺序、均匀间隔标上 $A$、$B$、$C$、$D$、$E$、$F$。再根据测得的各点电位值，在各点所在的垂直线上描点。用直线依次连接相邻两个电位点，即得该电路的电位图。

在电位图中，任意两个被测点的纵坐标值之差即为该两点之间的电压值。

在电路中电位参考点可任意选定。对于不同的参考点，所绘出的电位图形是不同的，但其各点电位变化的规律却是一样的。

实验设备如表 2-18 所示：

表 2-18　实验设备

| 序号 | 名　　称 | 型号与规格 | 数量 | 备注 |
|---|---|---|---|---|
| 1 | 直流可调稳压电源 | 0～30V | 二路 | DG04 |
| 2 | 万用表 | — | 1 | 自备 |
| 3 | 直流数字电压表 | 0～200V | 1 | D31 |
| 4 | 电位、电压测定实验电路板 | — | 1 | DG05 |

### 2.4.2　实验内容

按图 2-17 进行实验线路接线。

① 分别将两路直流稳压电源接入电路，令 $U_1$=6V，$U_2$=12V。先调准输出电压值，再接入实验线路中。

② 以图 2-17 中的 $A$ 点作为电位的参考点，分别测量 $B$、$C$、$D$、$E$、$F$ 各点的电位值及相邻两点之间的电压值 $U_{AB}$、$U_{BC}$、$U_{CD}$、$U_{DE}$、$U_{EF}$ 及 $U_{FA}$，数据列于表 2-19 中。

③ 以 $D$ 点作为参考点，测得数据列于表 2-19 中。

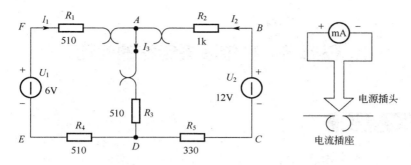

图 2-17  实验电路

**表 2-19  记录表**

| 电位<br>参考点 | $\phi$ 与 $U$ | $\phi_A$ | $\phi_B$ | $\phi_C$ | $\phi_D$ | $\phi_E$ | $\phi_F$ | $U_{AB}$ | $U_{BC}$ | $U_{CD}$ | $U_{DE}$ | $U_{EF}$ | $U_{FA}$ |
|---|---|---|---|---|---|---|---|---|---|---|---|---|---|
| | 计算值 | | | | | | | | | | | | |
| $A$ | 测量值 | | | | | | | | | | | | |
| | 相对误差 | | | | | | | | | | | | |
| | 计算值 | | | | | | | | | | | | |
| $D$ | 测量值 | | | | | | | | | | | | |
| | 相对误差 | | | | | | | | | | | | |

## 2.4.3  实验报告

① 根据实验数据，绘制两个电位图形，并对照观察各对应两点间的电压情况。两个电位图的参考点不同，但各点的相对顺序应一致，以便对照。

② 完成数据表格中的计算，对误差作必要的分析。

③ 总结电位相对性和电压绝对性的结论。

# 任务 5　基尔霍夫定律的验证

**任务能力目标**

● 验证基尔霍夫定律的正确性，加深对基尔霍夫定律的理解
● 学会用电流插头、插座测量各支路电流

## 2.5.1　实验原理说明

基尔霍夫定律是电路的基本定律。测量某电路的各支路电流及每个元件两端的电压，应能分别满足基尔霍夫电流定律（KCL）和电压定律（KVL）。即对电路中的任一个节点而言，应有 $\Sigma I=0$；对任何一个闭合回路而言，应有 $\Sigma U=0$。

运用上述定律时必须注意各支路或闭合回路中电流的正方向，此方向可预先任意设定。

实验设备见表 2-20。

表 2-20　实验设备

| 序号 | 名　　称 | 型号与规格 | 数量 | 备注 |
|---|---|---|---|---|
| 1 | 直流可调稳压电源 | 0～30V | 二路 | DG04 |
| 2 | 万用表 | — | 1 | 自备 |
| 3 | 直流数字电压表 | 0～200V | 1 | D31 |
| 4 | 电位、电压测定实验电路板 | — | 1 | DG05 |

## 2.5.2　实验内容

按图 2-18 所示实验电路进行线路接线。

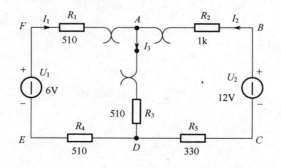

图 2-18　实验电路

① 实验前先任意设定三条支路和三个闭合回路的电流正方向。图 2-18 中的 $I_1$、$I_2$、$I_3$ 的方向已设定。三个闭合回路的电流正方向可设为 ADEFA、BADCB 和 FBCEF。

② 分别将两路直流稳压源接入电路，令 $U_1=6V$，$U_2=12V$。

③ 熟悉电流插头的结构，将电流插头的两端接至数字毫安表的"+""–"两端。

④ 将电流插头分别插入三条支路的三个电流插座中，读出并记录电流值。

⑤ 用直流数字电压表分别测量两路电源及电阻元件上的电压值，记录在表 2-21 中。

**表 2-21　记录表**

| 被测量 | $I_1$/mA | $I_2$/mA | $I_3$/mA | $U_1$/V | $U_2$/V | $U_{FA}$/V | $U_{AB}$/V | $U_{AD}$/V | $U_{CD}$/V | $U_{DE}$/V |
|---|---|---|---|---|---|---|---|---|---|---|
| 计算值 | | | | | | | | | | |
| 测量值 | | | | | | | | | | |
| 相对误差 | | | | | | | | | | |

实验注意事项：

① 本次实验要采用电流插头测量电流。

② 所有需要测量的电压值均以电压表测量的读数为准。$U_1$、$U_2$ 也需测量，不应取电源本身的显示值。

③ 防止稳压电源两个输出端碰线短路。

④ 用指针式电压表或电流表测量电压或电流时，如果仪表指针反偏，则必须调换仪表极性，重新测量。指针正偏，可读得电压或电流值。若用数显电压表或电流表测量，则可直接读出电压或电流值。但应注意：所读得的电压或电流值的正、负号应根据设定的电流参考方向来判断。

## 2.5.3　实验报告

① 根据实验数据，选定节点 A，验证 KCL 的正确性。

② 根据实验数据，选定实验电路中的任一个闭合回路，验证 KVL 的正确性。

③ 将支路和闭合回路的电流方向重新设定，重复①、②两项验证。

④ 误差原因分析。

# 任务 6  叠加原理的验证

**任务能力目标**

● 验证线性电路叠加原理的正确性
● 加深对线性电路的叠加性和齐次性的认识和理解

## 2.6.1  实验原理说明

叠加原理指出：在有多个独立源共同作用下的线性电路中，通过每一个元件的电流或其两端的电压，可以看成是由每一个独立源单独作用时在该元件上所产生的电流或电压的代数和。

线性电路的齐次性是指当激励信号（某独立源的值）增加或减小 $K$ 倍时，电路的响应（即在电路中各电阻元件上所建立的电流和电压值）也将增加或减小 $K$ 倍。

实验设备见表 2-22。

表 2-22  实验设备

| 序号 | 名　称 | 型号与规格 | 数量 | 备　注 |
| --- | --- | --- | --- | --- |
| 1 | 直流稳压电源 | 0～30V 可调 | 二路 | DG04 |
| 2 | 万用表 | — | 1 | 自备 |
| 3 | 直流数字电压表 | 0～200V | 1 | D31 |
| 4 | 直流数字毫安表 | 0～200mA | 1 | D31 |
| 5 | 迭加原理实验电路板 | — | 1 | DG05 |

## 2.6.2  实验内容

实验电路如图 2-19 所示，用 DG05 挂箱的"基尔夫定律/叠加原理"线路。

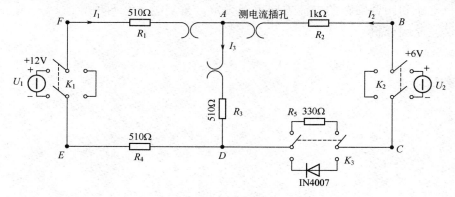

图 2-19  实验电路

① 将两路稳压源的输出分别调节为 12V 和 6V，接入 $U_1$ 和 $U_2$ 处。

② 令 $U_1$ 电源单独作用（将开关 $K_1$ 投向 $U_1$ 侧，开关 $K_2$ 投向短路侧）。用直流数字电压表和毫安表（接电流插头）测量各支路电流及各电阻元件两端的电压，数据记入表 2-23 中。

表 2-23  记录表

| 测量项目<br>实验内容 | $U_1$/V | $U_2$/V | $I_1$/mA | $I_2$/mA | $I_3$/mA | $U_{AB}$/V | $U_{CD}$/V | $U_{AD}$/V | $U_{DE}$/V | $U_{FA}$/V |
|---|---|---|---|---|---|---|---|---|---|---|
| $U_1$ 单独作用 | | | | | | | | | | |
| $U_2$ 单独作用 | | | | | | | | | | |
| $U_1$、$U_2$ 共同作用 | | | | | | | | | | |
| $U_2$ 单独作用（12V） | | | | | | | | | | |

③ 令 $U_2$ 电源单独作用（将开关 $K_1$ 投向短路侧，开关 $K_2$ 投向 $U_2$ 侧），重复实验步骤②的测量和记录，数据记入表 2-23。

④ 令 $U_1$ 和 $U_2$ 共同作用（开关 $K_1$ 和 $K_2$ 分别投向 $U_1$ 和 $U_2$ 侧），重复上述的测量和记录，数据记入表 2-23 中。

⑤ 将 $U_2$ 的数值调至 +12V，重复上述第③项的测量并记录，数据记入表 2-23。

⑥ 将 $R_5$（330Ω）换成二极管 IN4007（即将开关 $K_3$ 投向二极管 IN4007 侧），重复①～⑤的测量过程，数据记入表 2-24 中。

⑦ 任意按下某个故障设置按键，重复实验内容④的测量和记录，再根据测量结果判断出故障的性质。

表 2-24  记录表

| 测量项目<br>实验内容 | $U_1$/V | $U_2$/V | $I_1$/mA | $I_2$/mA | $I_3$/mA | $U_{AB}$/V | $U_{CD}$/V | $U_{AD}$/V | $U_{DE}$/V | $U_{FA}$/V |
|---|---|---|---|---|---|---|---|---|---|---|
| $U_1$ 单独作用 | | | | | | | | | | |
| $U_2$ 单独作用 | | | | | | | | | | |
| $U_1$、$U_2$ 共同作用 | | | | | | | | | | |
| $U_2$ 单独作用（12V） | | | | | | | | | | |

实验注意事项：

① 用电流插头测量各支路电流时，或者用电压表测量电压降时，应注意仪表的极性，正确判断测得值的 +、- 号后，记入数据表格。

② 注意仪表量程的及时更换。

## 2.6.3  实验报告

① 根据实验数据表格，进行分析、比较，归纳、总结实验结论，即验证线性电路的叠加性与齐次性。

② 各电阻器所消耗的功率能否用叠加原理计算得出？ 试用上述实验数据进行计算并作结论。

③ 通过实验步骤⑥及分析实验表格中的数据，你能得出什么样的结论？

# 任务 7　电压源与电流源的等效变换

**任务能力目标**

● 掌握电源外特性的测试方法
● 验证电压源与电流源等效变换的条件

## 2.7.1　实验原理说明

① 一个直流稳压电源在一定的电流范围内具有很小的内阻。故在实际使用中，常将它视为一个理想的电压源，即其输出电压不随负载电流而变。其外特性曲线，即其伏安特性曲线 $U=f(I)$ 是一条平行于 $I$ 轴的直线。一个实际的恒流源在一定的电压范围内可视为一个理想的电流源。

② 一个实际的电压源（或电流源），其端电压（或输出电流）不可能不随负载而变，因它具有一定的内阻值。故在实验中，用一个小阻值的电阻（或大电阻）与稳压源（或恒流源）相串联（或并联）来模拟一个实际的电压源（或电流源）。

③ 一个实际的电源，就其外部特性而言，既可以看成是一个电压源，又可以看成是一个电流源。若视为电压源，则可用一个理想的电压源 $U_S$ 与一个电阻 $R_0$ 相串联的组合来表示；若视为电流源，则可用一个理想电流源 $I_S$ 与一电导 $G_0$ 相并联的组合来表示。如果这两种电源能向同样大小的负载供出同样大小的电流和端电压，则称这两个电源是等效的，即具有相同的外特性。

一个电压源与一个电流源等效变换的条件为：

$I_S=U_S/R_0$，$G_0=1/R_0$ 或 $U_S=I_SR_0$，$R_0=1/G_0$。如图 2-20 所示。

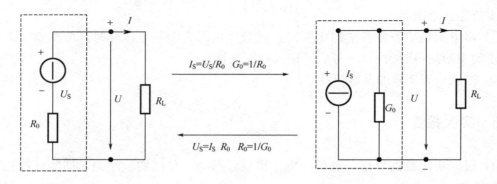

图 2-20　实验电路

实验设备见表 2-25。

表 2-25　实验设备

| 序号 | 名　称 | 型号与规格 | 数量 | 备　注 |
|---|---|---|---|---|
| 1 | 可调直流稳压电源 | 0～30V | 1 | DG04 |
| 2 | 可调直流恒流源 | 0～500mA | 1 | DG04 |
| 3 | 直流数字电压表 | 0～200V | 1 | D31 |
| 4 | 直流数字毫安表 | 0～200mA | 1 | D31 |
| 5 | 万用表 | — | 1 | 自备 |
| 6 | 电阻器 | 120Ω，200Ω 300Ω，1kΩ | 4 | DG09 |
| 7 | 可调电阻箱 | 0～99999.9Ω | 1 | DG09 |
| 8 | 实验线路 | — | 若干 | DG05 |

## 2.7.2　实验内容

**（1）测定直流稳压电源与实际电压源的外特性**

① 按图 2-21 所示实验电路接线。$U_S$ 为 +12V 直流稳压电源（将 $R_0$ 短接）。调节 $R_2$，令其阻值由大至小变化，记录两表的读数，如表 2-26 所示。

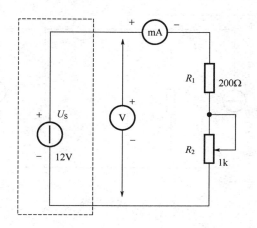

图 2-21　实验电路

表 2-26　记录表

| $U$/V | | | | | | | |
|---|---|---|---|---|---|---|---|
| $I$/mA | | | | | | | |

② 按图 2-22 所示实验电路接线，虚线框可模拟为一个实际的电压源。调节 $R_2$，令其阻值由大至小变化，记录两表的读数，如表 2-27 所示。

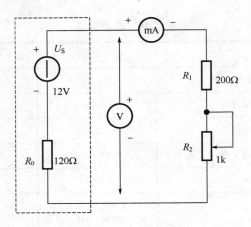

图 2-22　实验电路

**表 2-27　记录表**

| U/V | | | | | | | |
|---|---|---|---|---|---|---|---|
| I/mA | | | | | | | |

**（2）测定电流源的外特性**

按图 2-23 所示实验电路接线，$I_S$ 为直流恒流源，调节其输出为 10mA，令 $R_0$ 分别为 1kΩ和∞（即接入和断开），调节电位器 $R_L$（从 0～1kΩ），测出这两种情况下的电压表和电流表的读数。自拟数据表格，记录实验数据。

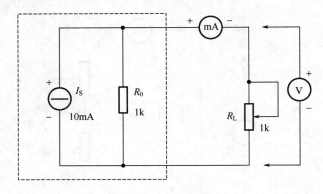

图 2-23　实验电路

**（3）测定电源等效变换的条件**

先按图 2-24（a）所示线路接线，记录线路中两表的读数。然后利用图 2-24（a）中右侧的元件和仪表，按图 2-24（b）接线。调节恒流源的输出电流 $I_S$，使两表的读数与图 2-24（a）时的数值相等，记录 $I_S$ 之值，验证等效变换条件的正确性。

实验注意事项：

① 在测电压源外特性时，不要忘记测空载时的电压值；测电流源外特性时，不要忘记测短路时的电流值，注意恒流源负载电压不要超过 20V，负载不要开路。

② 换接线路时，必须关闭电源开关。

③ 直流仪表的接入应注意极性与量程。

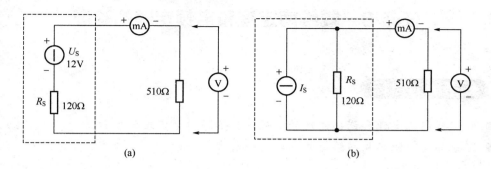

图 2-24　实验电路

## 2.7.3　实验报告

① 根据实验数据绘出电源的四条外特性曲线，并总结、归纳各类电源的特性。
② 从实验结果验证电源等效变换的条件。

# 任务 8　戴维南定理和诺顿定理的验证

**任务能力目标**

● 验证戴维南定理和诺顿定理的正确性，加深对该定理的理解
● 掌握测量有源二端网络等效参数的一般方法

## 2.8.1　实验原理说明

任何一个线性含源网络，如果仅研究其中一条支路的电压和电流，则可将电路的其余部分看作是一个有源二端网络（或称为含源一端口网络）。

戴维南定理指出：任何一个线性有源网络总可以用一个电压源与一个电阻的串联来等效代替，此电压源的电动势 $U_S$ 等于这个有源二端网络的开路电压 $U_{oc}$，其等效内阻 $R_0$ 等于该网络中所有独立源均置零（理想电压源视为短接，理想电流源视为开路）时的等效电阻。

诺顿定理指出：任何一个线性有源网络总可以用一个电流源与一个电阻的并联组合来等效代替，此电流源的电流 $I_S$ 等于这个有源二端网络的短路电流 $I_{sc}$，其等效内阻 $R_0$ 定义同戴维南定理。

$U_{oc}(U_S)$ 和 $R_0$ 或者 $I_{sc}(I_S)$ 和 $R_0$ 称为有源二端网络的等效参数。

有源二端网络等效参数的测量方法如下。

① 开路电压、短路电流法测 $R_0$　在有源二端网络输出端开路时，用电压表直接测其输出端的开路电压 $U_{oc}$，然后再将其输出端短路，用电流表测其短路电流 $I_{sc}$，则等效内阻为：

$$R_0 = \frac{U_{oc}}{I_{sc}}$$

如果二端网络的内阻很小，若将其输出端口短路，则易损坏其内部元件，因此不宜用此法。

② 伏安法测 $R_0$　用电压表、电流表测出有源二端网络的外特性曲线，如图 2-25 所示。根据外特性曲线求出斜率 $\tan\varphi$，则内阻

$$R_0 = \tan\varphi = \frac{\Delta U}{\Delta I} = \frac{U_{oc}}{I_{sc}}$$

也可以先测量开路电压 $U_{oc}$，再测量电流为额定值 $I_N$ 时的输出端电压值 $U_N$，则内阻为 $R_0 = \dfrac{U_{oc} - U_N}{I_N}$。

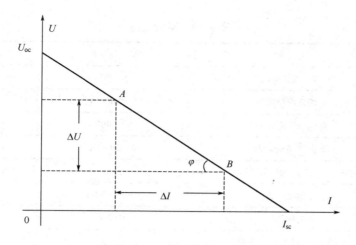

图 2-25　实验电路

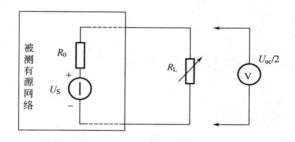

图 2-26　实验电路

③ 半电压法测 $R_0$　如图 2-26 所示，当负载电压为被测网络开路电压的一半时，负载电阻（由电阻箱的读数确定）即为被测有源二端网络的等效内阻值。

④ 零示法测 $U_{oc}$　在测量具有高内阻有源二端网络的开路电压时，用电压表直接测量会造成较大的误差。为了消除电压表内阻的影响，往往采用零示测量法，如图 2-27 所示。

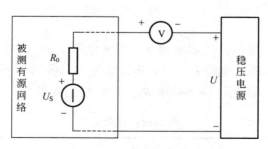

图 2-27　实验电路

零示测量法原理是用一低内阻的稳压电源与被测有源二端网络进行比较，当稳压电源的输出电压与有源二端网络的开路电压相等时，电压表的读数将为"0"。然后将电路断开，测量此时稳压电源的输出电压，即为被测有源二端网络的开路电压。

实验设备见表 2-28。

表 2-28  实验设备

| 序号 | 名　　称 | 型号与规格 | 数量 | 备注 |
|------|---------|-----------|------|------|
| 1 | 可调直流稳压电源 | 0～30V | 1 | DG04 |
| 2 | 可调直流恒流源 | 0～500mA | 1 | DG04 |
| 3 | 直流数字电压表 | 0～200V | 1 | D31 |
| 4 | 直流数字毫安表 | 0～200mA | 1 | D31 |
| 5 | 万用表 | 自定 | 1 | 自备 |
| 6 | 可调电阻箱 | 0～99999.9 Ω | 1 | DG09 |
| 7 | 电位器 | 1k/2W | 1 | DG09 |
| 8 | 戴维南定理实验电路板 | 自定 | 1 | DG05 |

## 2.8.2　实验内容

被测有源二端网络电路如图 2-28（a）所示。

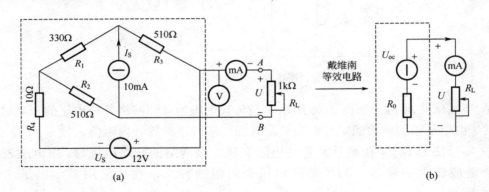

图 2-28　实验电路

① 用开路电压、短路电流法测定戴维南等效电路的 $U_{oc}$、$R_0$ 和诺顿等效电路的 $I_{sc}$、$R_0$。按图 2-28（a）接入稳压电源 $U_S$=12V 和恒流源 $I_S$=10mA，不接入 $R_L$。测出 $U_{oc}$（测 $U_{oc}$ 时，不接入 mA 表）和 $I_{sc}$，并计算出 $R_0$。把数据记入表 2-29 中。

表 2-29　记录表

| $U_{oc}/v$ | $I_{sc}/mA$ | $R_0(U_{oc}/I_{sc})/\Omega$ |
|------------|-------------|------------------------------|
|            |             |                              |
|            |             |                              |

② 负载实验　按图 2-28（a）接入 $R_L$。改变 $R_L$ 阻值，测量有源二端网络的外特性曲线，把数据记入表 2-30 中。

表 2-30  记录表

| $U/\mathrm{V}$ | | | | | | | | | |
|---|---|---|---|---|---|---|---|---|---|
| $I/\mathrm{mA}$ | | | | | | | | | |

③ 验证戴维南定理  从电阻箱上取得按步骤①所得的等效电阻 $R_0$ 之值，然后令其与直流稳压电源（调到步骤①时所测得的开路电压 $U_{oc}$ 之值）相串联，如图 2-28（b）所示，仿照步骤②测其外特性，把数据记入表 2-31 中，对戴维南定理进行验证。

表 2-31  记录表

| $U/\mathrm{V}$ | | | | | | | | | |
|---|---|---|---|---|---|---|---|---|---|
| $I/\mathrm{mA}$ | | | | | | | | | |

④ 验证诺顿定理  从电阻箱上取得按步骤①所得的等效电阻 $R_0$ 之值，然后令其与直流恒流源（调到步骤①时所测得的短路电流 $I_{sc}$ 之值）相并联，如图 2-29 所示，仿照步骤②测其外特性，把数据记入表 2-32 中，对诺顿定理进行验证。

表 2-32  记录表

| $U/\mathrm{V}$ | | | | | | | | | |
|---|---|---|---|---|---|---|---|---|---|
| $I/\mathrm{mA}$ | | | | | | | | | |

⑤ 有源二端网络等效电阻（又称入端电阻）的直接测量法  见图 2-28（a），将被测有源网络内的所有独立源置零（去掉电流源 $I_S$ 和电压源 $U_S$，并在原电压源所接的两点用一根短路导线相连），然后用伏安法或者直接用万用表的欧姆挡去测定负载 $R_L$ 开路时 $A$、$B$ 两点间的电阻，此即为被测网络的等效内阻 $R_0$，或称网络的入端电阻 $R_i$。

⑥ 用半电压法和零示法测量被测网络的等效内阻 $R_0$ 及其开路电压 $U_{oc}$，线路及数据表格自拟。

实验注意事项如下：

① 测量时应注意电流表量程的更换。

② 步骤⑤中，电压源置零时不可将稳压源短接。

③ 用万用表直接测 $R_0$ 时，网络内的独立源必须先置零，以免损坏万用表。其次，欧姆挡必须经调零后再进行测量。

④ 用零示法测量 $U_{oc}$ 时，应先将稳压电源的输出调至接近于 $U_{oc}$，再按图 2-27 测量。

⑤ 改接线路时要关掉电源。

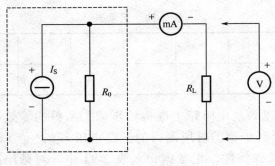

图 2-29　实验电路

## 2.8.3　实验报告

①　根据步骤②、③、④，分别绘出曲线，验证戴维南定理和诺顿定理的正确性，并分析产生误差的原因。

②　根据步骤①、⑤、⑥的几种方法测得的 $U_{oc}$ 与 $R_0$ 与预习时电路计算的结果作比较，写出比较结论。

③　归纳、总结实验结果。

# 任务 9 最大功率传输条件测定

**任务能力目标**

● 掌握负载获得最大传输功率的条件
● 了解电源输出功率与效率的关系

## 2.9.1 实验原理说明

**（1）电源与负载功率的关系**

图 2-30 所示实验电路可视为由一个电源向负载输送电能的模型，$R_0$ 可视为电源内阻和传输线路电阻的总和，$R_L$ 为可变负载电阻。

负载 $R_L$ 上消耗的功率 $P$ 可表示为：

$$P = I^2 R_L = \left( \frac{U}{R_0 + R_L} \right)^2 R_L$$

当 $R_L = 0$ 或 $R_L = \infty$ 时，电源输送给负载的功率均为零。而以不同的 $R_L$ 值代入上式可求得不同的 $P$ 值，其中必有一个 $R_L$ 值使负载能从电源处获得最大的功率。

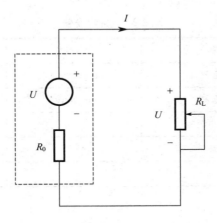

图 2-30 实验电路

**（2）负载获得最大功率的条件**

根据数学求最大值的方法，令负载功率表达式中的 $R_L$ 为自变量，$P$ 为应变量，并使 $dP/dR_L = 0$，即可求得最大功率传输的条件：

$$\frac{\mathrm{d}P}{\mathrm{d}R_{\mathrm{L}}} = 0, \quad 即 \frac{\mathrm{d}P}{\mathrm{d}R_{\mathrm{L}}} = \frac{\left[(R_0 + R_{\mathrm{L}})^2 - 2R_{\mathrm{L}}(R_{\mathrm{L}} + R_0)\right]U^2}{(R_0 + R_{\mathrm{L}})^4}$$

$$令 (R_{\mathrm{L}} + R_0)^2 - 2R_{\mathrm{L}}(R_{\mathrm{L}} + R_0) = 0,$$

解得 $R_{\mathrm{L}} = R_0$。

当 $R_{\mathrm{L}} = R_0$ 时，负载从电源获得的最大功率为

$$P_{\mathrm{MAX}} = \left(\frac{U}{R_0 + R_{\mathrm{L}}}\right)^2 R_{\mathrm{L}} = \left(\frac{U}{2R_{\mathrm{L}}}\right)^2 R_{\mathrm{L}} = \frac{U^2}{4R_{\mathrm{L}}}$$

这时，称此电路处于"匹配"工作状态。

### （3）匹配电路的特点及应用

在电路处于"匹配"状态时，电源本身要消耗一半的功率。此时电源的效率只有50%。显然，这对电力系统的能量传输过程是绝对不允许的。发电机的内阻是很小的，电路传输的最主要指标是要高效率送电，最好是 100% 的功率均传送给负载。为此负载电阻应远大于电源的内阻，即不允许运行在匹配状态。而在电子技术领域里却完全不同。一般的信号源本身功率较小，且都有较大的内阻，而负载电阻（如扬声器等）往往是较小的定值，且希望能从电源获得最大的功率输出，而电源的效率往往不予考虑。通常设法改变负载电阻，或者在信号源与负载之间加阻抗变换器（如音频功放的输出级与扬声器之间的输出变压器），使电路处于工作匹配状态，以使负载能获得最大的输出功率。

实验设备见表 2-33。

**表 2-33  实验设备**

| 序号 | 名　　称 | 型号规格 | 数量 | 备注 |
|------|---------|----------|------|------|
| 1 | 直流电流表 | 0～200mA | 1 | D31 |
| 2 | 直流电压表 | 0～200V | 1 | D31 |
| 3 | 直流稳压电源 | 0～30V | 1 | DG04 |
| 4 | 实验线路 | — | 1 | DG05 |
| 5 | 元件箱 | — | 1 | DG09 |

## 2.9.2  实验内容

① 按图 2-30 所示实验电路接线，负载 $R_{\mathrm{L}}$ 取自元件箱 DG09 的电阻箱。

② 按实验数据表所列内容，令 $R_{\mathrm{L}}$ 在 0～1k 范围内变化时，分别测出 $U_0$、$U_{\mathrm{L}}$ 及 $I$ 的值，表中 $U_0$、$P_0$ 分别为稳压电源的输出电压和功率，$U_{\mathrm{L}}$、$P_{\mathrm{L}}$ 分别为 $R_{\mathrm{L}}$ 二端的电压和功率，$I$ 为电路的电流。在 $P_{\mathrm{L}}$ 最大值附近应多测几点。

实验数据表如表 2-34 所示（单位：$R$—$\Omega$，$U$—$V$，$I$—$mA$，$P$—$W$）。

表 2-34　实验数据表

| | | | | 1k | ∞ |
|---|---|---|---|---|---|
| | $R_L$ | | | 1k | ∞ |
| | $U_0$ | | | | |
| $U_S=10V$<br>$R_{01}=100\Omega$ | $U_L$ | | | | |
| | $I$ | | | | |
| | $P_0$ | | | | |
| | $P_L$ | | | | |
| | $R_L$ | | | 1k | ∞ |
| | $U_0$ | | | | |
| $U_S=15V$<br>$R_{02}=300\Omega$ | $U_L$ | | | | |
| | $I$ | | | | |
| | $P_0$ | | | | |
| | $P_L$ | | | | |

## 2.9.3　实验报告

① 分析图 2-31 所示实验电路，分别画出两种不同内阻下的下列各关系曲线：$I$-$R_L$，$U_0$-$R_L$，$U_L$-$R_L$，$P_0$-$R_L$，$P_L$-$R_L$。

② 根据实验结果，说明负载获得最大功率的条件是什么。

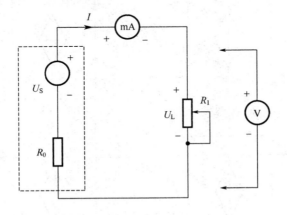

图 2-31　实验电路

# 任务 10　受控源 VCVS、VCCS、CCVS、CCCS 的测试

**任务能力目标**

● 通过测试受控源的外特性及其转移参数，进一步理解受控源的物理概念
● 加深对受控源的认识和理解。

### 2.10.1　实验原理说明

① 电源有独立电源（如电池、发电机等）与非独立电源（或称为受控源）之分。受控源与独立源的不同点是：独立源的电势 $E_S$ 或电流 $I_S$ 是某一固定的数值或是时间的某一函数，它不随电路其余部分的状态而变，而受控源的电势或电流则是随电路中另一支路的电压或电流而变的一种电源。

受控源又与无源元件不同，无源元件两端的电压和它自身的电流有一定的函数关系，而受控源的输出电压或电流则和另一支路（或元件）的电流或电压有某种函数关系。

② 独立源与无源元件是二端器件，受控源则是四端器件，或称为双口元件。它有一对输入端（$U_1$、$I_1$）和一对输出端（$U_2$、$I_2$）。输入端可以控制输出端电压或电流的大小。施加于输入端的控制量可以是电压或电流，因而有两种受控电压源（即电压控制电压源 VCVS 和电流控制电压源 CCVS）和两种受控电流源（即电压控制电流源 VCCS 和电流控制电流源 CCCS）。它们的示意图见图 2-32。

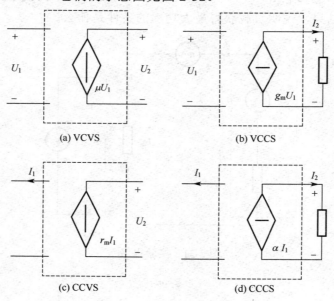

图 2-32　受控源

③ 当受控源的输出电压（或电流）与控制支路的电压（或电流）成正比变化时，则称该受控源是线性的。理想受控源的控制支路中只有一个独立变量（电压或电流），另一个独立变量等于零，即从输入口看，理想受控源或者是短路（即输入电阻 $R_1$=0，因而 $U_1$=0）或者是开路（即输入电导 $G_1$=0，因而输入电流 $I_1$=0）；从输出口看，理想受控源或是一个理想电压源或者是一个理想电流源。

④ 受控源的控制端与受控端的关系式称为转移函数。四种受控源的转移函数参量的定义如下：

a. 压控电压源（VCVS）：$U_2$=$f(U_1)$，$\mu$=$U_2/U_1$ 称为转移电压比（或电压增益）。

b. 压控电流源（VCCS）：$I_2$=$f(U_1)$，$g_m$=$I_2/U_1$ 称为转移电导。

c. 流控电压源（CCVS）：$U_2$=$f(I_1)$，$r_m$=$U_2/I_1$ 称为转移电阻。

d. 流控电流源（CCCS）：$I_2$=$f(I_1)$，$\alpha$=$I_2/I_1$ 称为转移电流比（或电流增益）。

实验设备见表 2-35。

**表 2-35　实验设备**

| 序号 | 名　称 | 型号与规格 | 数量 | 备注 |
|---|---|---|---|---|
| 1 | 可调直流稳压源 | 0～30V | 1 | DG04 |
| 2 | 可调恒流源 | 0～500mA | 1 | DG04 |
| 3 | 直流数字电压表 | 0～200V | 1 | D31 |
| 4 | 直流数字毫安表 | 0～200mA | 1 | D31 |
| 5 | 可变电阻箱 | 0～99999.9Ω | 1 | DG09 |
| 6 | 受控源实验电路板 | — | 1 | DG04 或 DG06 |

## 2.10.2　实验内容

① 测量受控源 VCVS 的转移特性 $U_2$=$f(U_1)$ 及负载特性 $U_2$=$f(I_L)$，实验电路如图 2-33 所示。

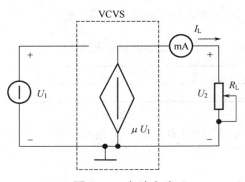

图 2-33　实验电路

a. 不接电流表，固定 $R_L$=2kΩ，调节稳压电源输出电压 $U_1$，测量 $U_1$ 及相应的 $U_2$ 值，记入表 2-36 中。

表 2-36　记录表

| $U_1$/V | 0 | 1 | 2 | 3 | 5 | 7 | 8 | 9 | $\mu$ |
|---|---|---|---|---|---|---|---|---|---|
| $U_2$/V | | | | | | | | | |

在方格纸上绘出电压转移特性曲线 $U_2=f(U_1)$，并在其线性部分求出转移电压比 $\mu$。

b．接入电流表，保持 $U_1=2$V，调节 $R_L$ 可变电阻箱的阻值，测 $U_2$ 及 $I_L$，实验数据填入表 2-37 中，并根据数据绘制负载特性曲线 $U_2=f(I_L)$。

表 2-37　记录表

| $R_L$/Ω | 50 | 70 | 100 | 200 | 300 | 400 | 500 | ∞ |
|---|---|---|---|---|---|---|---|---|
| $U_2$/V | | | | | | | | |
| $I_L$/mA | | | | | | | | |

② 测量受控源 VCCS 的转移特性 $I_L=f(U_1)$ 及负载特性 $I_L=f(U_2)$，实验电路如图 2-34 所示。

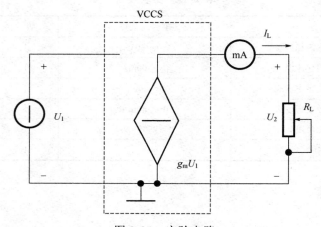

图 2-34　实验电路

a．固定 $R_L=2$kΩ，调节稳压电源的输出电压 $U_1$，测出相应的 $I_L$ 值并记入表 2-38 中，绘制 $I_L=f(U_1)$ 曲线，并由其线性部分求出转移电导 $g_m$。

表 2-38　记录表

| $U_1$/V | 0.1 | 0.5 | 1.0 | 2.0 | 3.0 | 3.5 | 3.7 | 4.0 | $g_m$ |
|---|---|---|---|---|---|---|---|---|---|
| $I_L$/mA | | | | | | | | | |

b．保持 $U_1=2$V，令 $R_L$ 从大到小变化，测出相应的 $I_L$ 及 $U_2$，记入表 2-39 中，绘制 $I_L=f(U_2)$ 曲线。

表 2-39　记录表

| $R_L$/kΩ | 50 | 20 | 10 | 8 | 7 | 6 | 5 | 4 | 2 | 1 |
|---|---|---|---|---|---|---|---|---|---|---|
| $I_L$/mA | | | | | | | | | | |
| $U_2$/V | | | | | | | | | | |

③ 测量受控源 CCVS 的转移特性 $U_2=f(I_1)$ 与负载特性 $U_2=f(I_L)$，实验电路如图 2-35 所示。

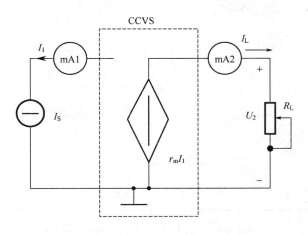

图 2-35   实验电路

a．固定 $R_L=2\text{k}\Omega$，调节恒流源的输出电流 $I_S$，按表 2-40 所列 $I_1$ 值，测出 $U_2$，绘制 $U_2=f(I_1)$ 曲线，并由其线性部分求出转移电阻 $r_m$。

表 2-40   记录表

| $I_1$/mA | 0.1 | 1.0 | 3.0 | 5.0 | 7.0 | 8.0 | 9.0 | 9.5 | $r_m$ |
|---|---|---|---|---|---|---|---|---|---|
| $U_2$/V | | | | | | | | | |

b．保持 $I_S=2\text{mA}$，令 $R_L$ 由小到大变化，测出 $U_2$ 及 $I_L$ 并记入表 2-41 中，绘制负载特性曲线 $U_2=f(I_L)$。

表 2-41   记录表

| $R_L$/kΩ | 0.5 | 1 | 2 | 4 | 6 | 8 | 10 |
|---|---|---|---|---|---|---|---|
| $U_2$/V | | | | | | | |
| $I_L$/mA | | | | | | | |

④ 测量受控源 CCCS 的转移特性 $I_L=f(I_1)$ 及负载特性 $I_L=f(U_2)$，实验电路如图 2-36 所示。

a．测出 $I_L$ 并记入表 2-42 中，绘制 $I_L=f(I_1)$ 曲线，并由其线性部分求出转移电流比 $\alpha$。

b．保持 $I_S=1\text{mA}$，令 $R_L$ 为表 2-43 中所列值，测出 $I_L$，绘制 $I_L=f(U_2)$ 曲线。

实验注意事项：

① 每次组装线路，必须事先断开供电电源，但不必关闭电源总开关。

② 用恒流源供电的实验中不要使恒流源的负载开路。

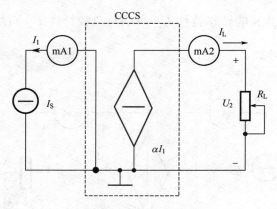

图 2-36 实验电路

表 2-42 记录表

| $I_1$/mA | 0.1 | 0.2 | 0.5 | 1 | 1.5 | 2 | 2.2 | $\alpha$ |
|---|---|---|---|---|---|---|---|---|
| $I_L$/mA | | | | | | | | |

表 2-43 记录表

| $R_L$/kΩ | 0 | 0.1 | 0.5 | 1 | 2 | 5 | 10 | 20 | 30 | 80 |
|---|---|---|---|---|---|---|---|---|---|---|
| $I_L$/mA | | | | | | | | | | |
| $U_2$/V | | | | | | | | | | |

## 2.10.3 实验报告

① 根据实验数据，在方格纸上分别绘出四种受控源的转移特性和负载特性曲线，并求出相应的转移参量。

② 对实验的结果作出合理的分析和结论，总结对四种受控源的认识和理解。

③ 心得体会及其他。

# 任务 11　R、L、C 元件阻抗特性的测定

**任务能力目标**

● 验证电阻、感抗、容抗与频率的关系，测定 $R\text{-}f$、$X_L\text{-}f$ 及 $X_C\text{-}f$ 特性曲线
● 加深理解 R、L、C 元件端电压与电流间的相位关系

## 2.11.1　实验原理说明

在正弦交变信号作用下，R、L、C 电路元件在电路中的抗流作用与信号的频率有关，它们的阻抗频率特性 $R\text{-}f$，$X_L\text{-}f$，$X_C\text{-}f$ 曲线如图 2-37 所示。

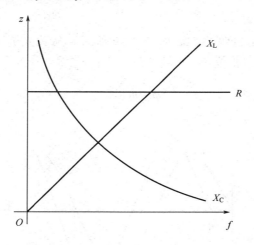

图 2-37　特性曲线

元件阻抗频率特性的测量电路如图 2-38 所示。

图 2-38 中的 r 是提供测量回路电流用的标准小电阻，由于 r 的阻值远小于被测元件的阻抗值，因此可以认为 A、B 之间的电压就是被测元件 R、L 或 C 两端的电压，流过被测元件的电流则可由 r 两端的电压除以 r 的阻值所得。

若用双踪示波器同时观察 r 与被测元件两端的电压，便可展现出被测元件两端的电压和流过该元件电流的波形，从而可在荧光屏上测出电压与电流的幅值及它们之间的相位差。

将元件 R、L、C 串联或并联相接，亦可用同样的方法测得 $Z_{串}$ 与 $Z_{并}$ 的阻抗频率特性 $Z\text{-}f$，根据电压、电流的相位差可判断 $Z_{串}$ 或 $Z_{并}$ 是感性还是容性负载。

元件的阻抗角（即相位差 $\varphi$）随输入信号的频率变化而改变，将各个不同频率下的相位差画在以频率 $f$ 为横坐标、阻抗角 $\varphi$ 为纵坐标的坐标纸上，并用光滑的曲线连接这些

点，即得到阻抗角的频率特性曲线。

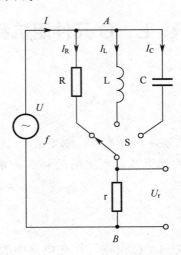

图 2-38　实验电路

用双踪示波器测量阻抗角的方法如图 2-39 所示。从荧光屏上数得一个周期占 $n$ 格，相位差占 $m$ 格，则实际的相位差 $\varphi$（阻抗角）为：

$$\varphi = m\frac{360°}{n}$$

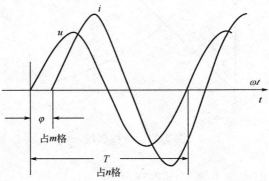

图 2-39　阻抗角波形图

实验设备见表 2-44。

表 2-44　实验设备

| 序号 | 名　称 | 型号与规格 | 数量 | 备　注 |
|---|---|---|---|---|
| 1 | 低频信号发生器 | — | 1 | DG03 |
| 2 | 交流毫伏表 | 0～600V | 1 | D83 |

| 序号 | 名　称 | 型号与规格 | 数量 | 备　注 |
|---|---|---|---|---|
| 3 | 双踪示波器 | — | 1 | 自备 |
| 4 | 频率计 | — | 1 | DG03 |
| 5 | 实验线路元件 | $R=1k\Omega$，$C=1\mu F$，$L$ 约 1H | 1 | DG09 |
| 6 | 电阻 | $30\Omega$ | 1 | DG09 |

## 2.11.2　实验内容

① 通过电缆线将低频信号发生器输出的正弦信号接至如图 2-38 所示的电路，作为激励源 $u$，并用交流毫伏表测量，使激励电压的有效值为 $U=3V$，并保持不变。

使信号源的输出频率从 200Hz 逐渐增至 5kHz（用频率计测量），并使开关 S 分别接通 R、L、C 三个元件，用交流毫伏表测量 $U_r$，并计算各频率点时的 $I_R$、$I_L$ 和 $I_C$（即 $U_r/r$）以及 $R=U/I_R$、$X_L=U/I_U$ 及 $X_C=U/I_C$ 之值。

注意：在接通 C 测试时，信号源的频率应控制在 200～2500Hz 之间。

② 用双踪示波器观察在不同频率下各元件阻抗角的变化情况，按图 2-39 所示记录 $n$ 和 $m$，算出 $\varphi$。

③ 测量 R、L、C 元件串联的阻抗角频率特性。

实验注意事项：

① 交流毫伏表属于高阻抗电表，测量前必须先调零。

② 测 $\varphi$ 时，示波器的"V/div"和"t/div"的微调旋钮应置"校准位置"。

## 2.11.3　实验报告

① 根据实验数据，在方格纸上绘制 R、L、C 三个元件的阻抗频率特性曲线，从中可得出什么结论？

② 根据实验数据，在方格纸上绘制 R、L、C 三个元件串联的阻抗角频率特性曲线，并总结、归纳出结论。

③ 心得体会。

# 任务 12　日光灯电路及正弦交流电路实验

## 任务能力目标

● 掌握日光灯线路的接线

● 加深理解 R、L、C 元件端电压与电流间的相位关系

● 理解改善电路功率因数的意义并掌握其方法

## 2.12.1　实验原理说明

在单相正弦交流电路中，用交流电流表测得各支路的电流值，用交流电压表测得回路各元件两端的电压值，它们之间的关系满足相量形式的基尔霍夫定律，即 $\Sigma I=0$ 和 $\Sigma U=0$。

如图 2-40 所示的 $RC$ 串联电路，在正弦稳态信号 $U$ 的激励下，$U_R$ 与 $U_C$ 保持有 90° 的相位差，即当 $R$ 阻值改变时，$U_R$ 的相量轨迹是一个半圆。$U$、$U_C$ 与 $U_R$ 三者形成一个直角形的电压三角形，如图 2-41 所示。$R$ 值改变时，可改变 $\varphi$ 角的大小，从而达到移相的目的。

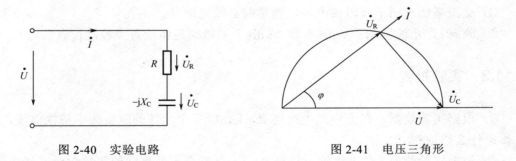

图 2-40　实验电路　　　　　　　　　　图 2-41　电压三角形

日光灯线路如图 2-42 所示，图中 A 是日光灯管，L 是镇流器，S 是启辉器，C 是补偿电容器，用以改善电路的功率因数（$\cos\varphi$ 值）。有关日光灯的工作原理请自行翻阅有关资料。

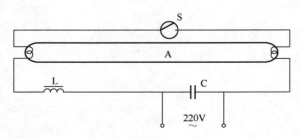

图 2-42　实验电路

实验设备见表 2-45。

表 2-45  实验设备

| 序号 | 名　称 | 型号与规格 | 数量 | 备注 |
|---|---|---|---|---|
| 1 | 交流电压表 | 0～450V | 1 | D33 |
| 2 | 交流电流表 | 0～5A | 1 | D32 |
| 3 | 功率表 | — | 1 | D34 |
| 4 | 自耦调压器 | — | 1 | DG01 |
| 5 | 镇流器、启辉器 | 与 40W 灯管配用 | 各 1 | DG09 |
| 6 | 日光灯灯管 | 40W | 1 | 屏内 |
| 7 | 电容器 | 1μF，2.2μF，4.7μF/500V | 各 1 | DG09 |
| 8 | 白炽灯及灯座 | 220V，15W | 1～3 | DG08 |
| 9 | 电流插座 | — | 3 | DG09 |

## 2.12.2  实验内容

按图 2-40 所示实验电路接线。$R$ 为 220V、15W 的白炽灯泡，电容器为 4.7μF/450V。经指导教师检查后，接通实验台电源，将自耦调压器输出（即 $U$）调至 220V。记录 $U$、$U_R$、$U_C$ 值（见表 2-46），验证电压三角形关系。

表 2-46  记录表

| 测　量　值 | | | 计　算　值 | | |
|---|---|---|---|---|---|
| $U$/V | $U_R$/V | $U_C$/V | $U' = \sqrt{U_R^2 + U_C^2}$ | $\Delta U = U' - U$ | $\Delta U/U/\%$ |
|  |  |  |  |  |  |

按图 2-43 所示实验电路接线。

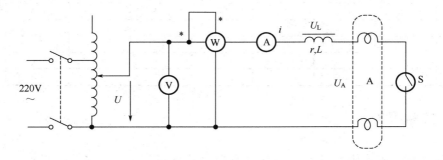

图 2-43  实验电路

经指导教师检查后接通实验台电源，调节自耦调压器的输出，使其输出电压缓慢增大，直到日光灯刚启辉点亮为止，记下三表的指示值（见表 2-47）。然后将电压调至 220V，测量功率 $P$、电流 $I$、电压 $U$、$U_L$、$U_A$ 等值，验证电压、电流相量关系。

表 2-47  记录表

| 项目 | 测量数值 | | | | | | 计算值 | |
|---|---|---|---|---|---|---|---|---|
| | $P/W$ | $\cos\varphi$ | $I/A$ | $U/V$ | $U_L/V$ | $U_A/V$ | $r/\Omega$ | $\cos\varphi$ |
| 启辉值 | | | | | | | | |
| 正常工作值 | | | | | | | | |

进行电路功率因数的改善，按图 2-44 所示组成实验线路。

经指导老师检查后，接通实验台电源，将自耦调压器的输出调至 220V，记录功率表、电压表读数。通过一只电流表和三个电流插座分别测得三条支路的电流，改变电容值，进行三次重复测量并记录于表 2-48 中。

实验注意事项：

① 本实验用交流市电 220V，务必注意安全用电。

② 功率表要正确接入电路。

③ 线路接线正确，日光灯不能启辉时，应检查启辉器及其接触是否良好。

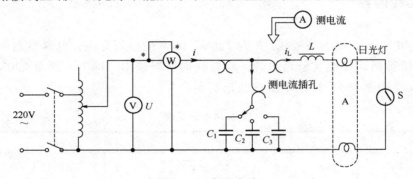

图 2-44  实验电路

表 2-48  记录表

| 电容值/μF | 测量数值 | | | | | | 计算值 | |
|---|---|---|---|---|---|---|---|---|
| | $P/W$ | $\cos\varphi$ | $U/V$ | $I/A$ | $I_L/A$ | $I_C/A$ | $I'/A$ | $\cos\varphi$ |
| 0 | | | | | | | | |
| 1 | | | | | | | | |
| 2.2 | | | | | | | | |
| 4.7 | | | | | | | | |

### 2.12.3  实验报告

① 完成数据表格中的计算，进行必要的误差分析。

② 根据实验数据，分别绘出电压、电流相量图，验证相量形式的基尔霍夫定律。

③ 讨论改善电路功率因数的意义和方法。

④ 装接日光灯线路的心得体会及其他。

# 任务 13　RLC 串联谐振电路的研究

### 🚩 任务能力目标

● 学习用实验方法绘制 R、L、C 串联电路的幅频特性曲线

● 加深理解电路发生谐振的条件、特点，掌握电路品质因数（电路 $Q$ 值）的物理意义及其测定方法

## 2.13.1　实验原理说明

① 在图 2-45 实验电路所示的 R、L、C 串联电路中，当正弦交流信号源的频率 $f$ 改变时，电路中的感抗、容抗随之而变，电路中的电流也随 $f$ 而变。取电阻 R 上的电压 $U_o$ 作为响应，当输入电压 $U_i$ 的幅值维持不变时，在不同频率的信号激励下，测出 $U_o$ 之值，然后以 $f$ 为横坐标，以 $U_o/U_i$ 为纵坐标（因 $U_i$ 不变，故也可直接以 $U_o$ 为纵坐标），绘出光滑的曲线，此即为幅频特性曲线，亦称谐振曲线，如图 2-46 所示。

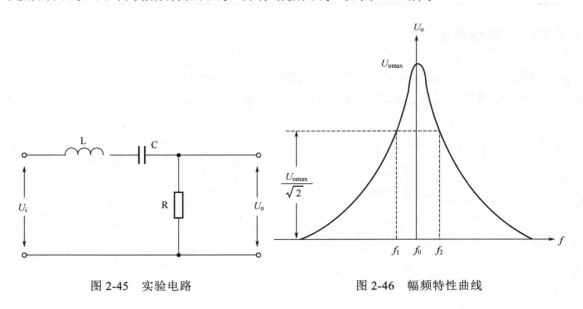

图 2-45　实验电路　　　　　　　　　图 2-46　幅频特性曲线

② 在 $f=f_0=\dfrac{1}{2\pi\sqrt{LC}}$ 处，即幅频特性曲线尖峰所在的频率称为谐振频率。此时 $X_L=X_C$，电路呈纯阻性，电路阻抗的模为最小。在输入电压 $U_i$ 为定值时，电路中的电流达到最大值，且与输入电压 $U_i$ 同相位。从理论上讲，此时 $U_i=U_R=U_o$，$U_L=U_C=QU_i$，式中的 $Q$ 称为电路的品质因数。

③ 电路品质因数 $Q$ 的两种测量方法。一是根据公式 $Q = \dfrac{U_L}{U_o} = \dfrac{U_C}{U_o}$ 测定，$U_C$ 与 $U_L$ 分别为谐振时电容器 C 和电感线圈 L 上的电压；另一方法是通过测量谐振曲线的通频带宽度 $\Delta f = f_2 - f_1$，再根据 $Q = \dfrac{f_0}{f_2 - f_1}$，求出 $Q$ 值。式中 $f_0$ 为谐振频率，$f_2$ 和 $f_1$ 是失谐时，亦即输出电压的幅度下降到最大值的 $1/\sqrt{2}(0.707)$ 倍时的上、下频率点。$Q$ 值越大，曲线越尖锐，通频带越窄，电路的选择性越好。在恒压源供电时，电路的品质因数、选择性与通频带只决定于电路本身的参数，而与信号源无关。

实验设备见表 2-49。

表 2-49　实验设备

| 序号 | 名　　称 | 型号与规格 | 数量 | 备注 |
|---|---|---|---|---|
| 1 | 低频函数信号发生器 | — | 1 | DG03 |
| 2 | 交流毫伏表 | 0～600V | 1 | D83 |
| 3 | 双踪示波器 | — | 1 | 自备 |
| 4 | 频率计 | — | 1 | DG03 |
| 5 | 谐振电路实验电路板 | $R$=200Ω，1kΩ<br>$C$=0.01μF，0.1μF，<br>$L$≈30mH | 若干 | DG07 |

## 2.13.2　实验内容

按图 2-47 所示实验电路组成监视、测量电路。先选用 $C_1$、$R_1$。用交流毫伏表测电压，用示波器监视信号源输出。令信号源输出电压 $U_i = 4V_{P\text{-}P}$，并保持不变。

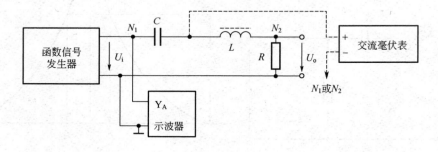

图 2-47　实验电路

找出电路的谐振频率 $f_0$，其方法是将毫伏表接在 $R$（200Ω）两端，令信号源的频率由小逐渐变大（注意要维持信号源的输出幅度不变），当 $U_o$ 的读数为最大时，读得频率计上的频率值即为电路的谐振频率 $f_0$，并测量 $U_C$ 与 $U_L$ 之值（注意及时更换毫伏表的量限）。

在谐振点两侧，按频率递增或递减 500Hz 或 1kHz，依次各取 8 个测量点，逐点测出 $U_o$，$U_L$，$U_C$ 之值，记入表 2-50 中。

表 2-50　记录表

| $f$/kHz | | | | | | | | | | | |
|---|---|---|---|---|---|---|---|---|---|---|---|
| $U_o$/V | | | | | | | | | | | |
| $U_L$/V | | | | | | | | | | | |
| $U_C$/V | | | | | | | | | | | |

$U_i=4V_{P-P}$，$C=0.01\mu F$，$R=510\Omega$，$f_0=$ 　　　，$f_2-f_1=$ 　　　，$Q=$

将电阻改为 $R_2$，重复步骤 2，3 的测量过程，填入表 2-51 中。

表 2-51　记录表

| $f$/kHz | | | | | | | | | | | |
|---|---|---|---|---|---|---|---|---|---|---|---|
| $U_o$/V | | | | | | | | | | | |
| $U_L$/V | | | | | | | | | | | |
| $U_C$/V | | | | | | | | | | | |

$U_i=4V_{P-P}$，$C=0.01\mu F$，$R=1k\Omega$，$f_0=$ 　　　，$f_2-f_1=$ 　　　，$Q=$

实验注意事项：

① 测试频率点的选择应在靠近谐振频率附近多取几点。在变换频率测试前，应调整信号输出幅度（用示波器监视输出幅度），使其维持在 3V。

② 测量 $U_C$ 和 $U_L$ 数值前，应将毫伏表的量限改大，而且在测量 $U_L$ 与 $U_C$ 时毫伏表的"+"端应接 C 与 L 的公共点，其接地端应分别触及 L 和 C 的近地端 $N_2$ 和 $N_1$。

③ 实验中，信号源的外壳应与毫伏表的外壳绝缘（不共地）。如能用浮地式交流毫伏表测量，则效果更佳。

## 2.13.3　实验报告

① 根据测量数据，绘出不同 $Q$ 值时三条幅频特性曲线，即：

$$U_o=f(f)，\quad U_L=f(f)，\quad U_C=f(f)$$

② 计算出通频带与 $Q$ 值，说明不同 $R$ 值对电路通频带与品质因数的影响。

③ 对两种不同的测 $Q$ 值的方法进行比较，分析误差原因。

④ 谐振时，比较输出电压 $U_o$ 与输入电压 $U_i$ 是否相等？试分析原因。

⑤ 通过本次实验，总结、归纳串联谐振电路的特性。

⑥ 心得体会及其他。

# 任务 14  变压器的连接与测试

## 任务能力目标

● 深入了解变压器的性能，学会灵活运用变压器
● 学会变压器参数的测试

### 2.14.1  实验原理说明

一只变压器都有一个初级绕组和一个或多个次级绕组。如果一只变压器有多个次级绕组，那么，在某些情况下，通过改变变压器各绕组端子的连接方式，常可满足一些临时性的需求。

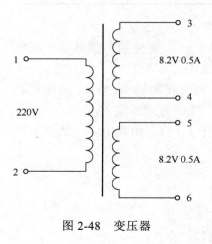

图 2-48  变压器

如图 2-48 所示的变压器，有两个分别为 8.2V、0.5A 的次级绕组。要降低（或升高）变压器次级绕组的输出电压，有三种方法：

① 降低（或升高）初级输入电压；
② 减少（或增加）次级绕组匝数；
③ 增加（或减少）初级绕组匝数。

变压器初、次级绕组的每伏匝数基本上是相同的，设为 $n$，设该变压器原初级绕组的匝数为 $220n$ 匝，两个次级绕组的匝数分别为 $8.2n$ 匝。把一个次级绕组正串入初级绕组后，初级绕组就变成（$220+8.2$）$n$ 匝。当变压器初级绕组的匝数改变时，由于变压器次级绕组的输出电压与初级绕组的匝数成反比，所以将一个次级绕组串入初级绕组后，另一个次级绕组的输出电压（$U_{o1}$）就变为：

$$U_{o1} = \frac{220n}{(220+8.2)n} \times 8.2 = 7.91(\text{V})$$

同理，如果把一个次级绕组反串入初级绕组，再接入 220V 电源，则另一个次级绕组的输出电压（$U_{o2}$）就变为：

$$U_{o2} = \frac{220n}{(220-8.2)n} \times 8.2 = 8.52(\text{V})$$

① 将此变压器的两个次级绕组头尾相串，就可以得到 $U_{o3}=8.2+8.2=16.4$（V）的次级输出电压。反之，如果将它的二个次级绕组反向串联，其输出电压就成为

$U_{o4}=8.2-8.2=0(V)$。

② 还可以将 2 个或多个输出电压相同的次级绕组相并联（注意应同名端相并联），以获得较大的负载电流。本例中，如果将两个次级绕组同相并联，则其负载电流可增至 1A。

③ 在将一个变压器的各个绕组进行串、并联使用时，应注意以下几个问题：

a. 二个或多个次级绕组，即使输出电压不同，均可正向或反向串联使用，但串联后的绕组允许流过的电流应小于等于其中最小的额定电流值。

b. 二个或多个输出电压相同的绕组可同相并联使用，并联后的负载电流可增加到并联前各绕组的额定电流之和，但不允许反相并联使用。

c. 输出电压不相同的绕组，绝对不允许并联使用，以免由于绕组内部产生环流而烧坏绕组。

d. 有多个抽头的绕组，一般只能取其中一组（任意两个端子）来与其他绕组串联或并联使用。并联使用时，该两端子间的电压应与被并绕组的电压相等。

e. 变压器的各绕组之间的串、并联都为临时性或应急性使用。长期性的应用仍应采用规范设计的变压器。

实验设备见表 2-52。

表 2-52　实验设备

| 序号 | 名　　称 | 型号与规格 | 数量 | 备注 |
|---|---|---|---|---|
| 1 | 交流电压表 | 0～500V | 2 | D33 |
| 2 | 试验变压器 | 220V/15V 0.3A，5V 0.3A | 1 | DG08 |

## 2.14.2　实验内容

① 用交流法判别变压器各绕组的同名端。

② 将变压器的 1、2 两端接交流 220V，测量并记录两个次级绕组的输出电压。

③ 将 1、3 连通，2、4 两端接交流 220V，测量并记录 5、6 两端的电压。

④ 将 1、4 连通，2、3 两端接交流 220V，测量并记录 5、6 两端的电压。

⑤ 将 4、5 连通，1、2 两端接交流 220V，测量并记录 3、6 两端的电压。

⑥ 将 3、5 连通，1、2 两端接交流 220V，测量并记录 4、6 两端的电压。

⑦ 将 3、5 连通（必须保持 3、5 为同名端），4、6 连通（必须保持 4、6 为同名端），1、2 两端接交流 220V，测量并记录 3、4 两端的电压。

实验注意事项：

① 由于实验中用到 220V 交流电源，因此操作时应注意安全。做每个实验和测试之前，均应先将调压器的输出电压调为 0V，再接好连线和仪表，经检查无误后，再慢慢将调压器的输出电压调到 220V。测试、记录完毕后立即将调压器的输出电压调为 0V。

② 图 2-48 中，变压器两个次级绕组所标注的输出电压是在额定负载下的输出电压。本实验中所测得的各个次级绕组的电压实际上是空载电压，要比所标注的电压高。

### 2.14.3 实验报告

① 总结变压器几种连接方法及其使用条件。
② 心得体会及其他。

# 任务 15  三相交流电路电压、电流的测量

 任务能力目标

● 掌握三相负载作星形连接、三角形连接的方法，验证这两种接法下线、相电压及线、相电流之间的关系
● 充分理解三相四线供电系统中中线的作用

## 2.15.1  实验原理说明

① 三相负载可接成星形（又称"Y"接）或三角形（又称"△"接）。当三相对称负载作Y形连接时，线电压 $U_L$ 是相电压 $U_P$ 的 $\sqrt{3}$ 倍，线电流 $I_L$ 等于相电流 $I_P$，即

$$U_L=\sqrt{3}U_P,\quad I_L=I_P$$

在这种情况下，流过中线的电流 $I_0=0$，所以可以省去中线。

当对称三相负载作△形连接时，有 $I_L=\sqrt{3}\,I_P$，$U_L=U_P$。

② 不对称三相负载作Y连接时，必须采用三相四线制接法，即Y$_0$接法，而且中线必须牢固连接，以保证三相不对称负载的每相电压维持对称不变。

倘若中线断开，会导致三相负载电压的不对称，致使负载轻的那一相的相电压过高，使负载遭受损坏；负载重的一相相电压又过低，使负载不能正常工作。尤其是对于三相照明负载，一律采用Y$_0$接法。

③ 当不对称负载作△形连接时，$I_L\neq\sqrt{3}\,I_P$，但只要电源的线电压 $U_L$ 对称，加在三相负载上的电压仍是对称的，则对各相负载工作没有影响。

实验设备见表 2-53。

表 2-53  实验设备

| 序号 | 名 称 | 型号与规格 | 数量 | 备注 |
|---|---|---|---|---|
| 1 | 交流电压表 | 0～500V | 1 | D33 |
| 2 | 交流电流表 | 0～5A | 1 | D32 |
| 3 | 万用表 | — | 1 | 自备 |
| 4 | 三相自耦调压器 | — | 1 | DG01 |
| 5 | 三相灯组负载 | 220V，15W 白炽灯 | 9 | DG08 |
| 6 | 电门插座 | — | 3 | DG09 |

## 2.15.2 实验内容

**（1）三相负载星形连接（三相四线制供电）**

按图 2-49 所示线路组接实验电路，即三相灯组负载经三相自耦调压器接通三相对称电源。将三相调压器的旋柄置于输出为 0V 的位置（即逆时针旋到底）。经指导教师检查合格后，方可开启实验台电源，然后调节调压器的输出，使输出的三相线电压为 220V，并按下述内容完成各项实验，分别测量三相负载的线电压、相电压、线电流、相电流、中线电流、电源与负载中点间的电压。将所测得的数据记入三相电路测试表中（见表 2-54），并观察各相灯组亮暗的变化程度，特别要注意观察中线的作用。

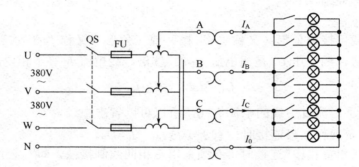

图 2-49　实验电路

**表 2-54　三相电路测试表**

| 测量数据<br><br>实验内容<br>（负载情况） | 开灯盏数 | | | 线电流/A | | | 线电压/V | | | 相电压/V | | | 中线电流 $I_0$/A | 中点电压 $U_{N0}$/V |
|---|---|---|---|---|---|---|---|---|---|---|---|---|---|---|
| | A相 | B相 | C相 | $I_A$ | $I_B$ | $I_C$ | $U_{AB}$ | $U_{BC}$ | $U_{CA}$ | $U_{A0}$ | $U_{B0}$ | $U_{C0}$ | | |
| Y$_0$ 接平衡负载 | 3 | 3 | 3 | | | | | | | | | | | |
| Y 接平衡负载 | 3 | 3 | 3 | | | | | | | | | | | |
| Y$_0$ 接不平衡负载 | 1 | 2 | 3 | | | | | | | | | | | |
| Y 接不平衡负载 | 1 | 2 | 3 | | | | | | | | | | | |
| Y$_0$ 接 B 相断开 | 1 | | 3 | | | | | | | | | | | |
| Y 接 B 相断开 | 1 | | 3 | | | | | | | | | | | |
| Y 接 B 相短路 | 1 | | 3 | | | | | | | | | | | |

**（2）负载三角形连接（三相三线制供电）**

按图 2-50 改接线路，经指导教师检查合格后接通三相电源，并调节调压器，使其输出线电压为 220V，并按三相电路测试表的内容进行测试（见表 2-55）。

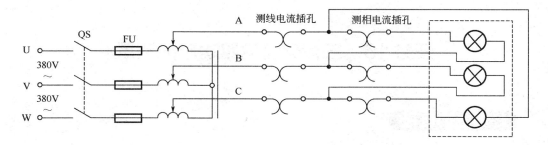

图 2-50　实验电路

表 2-55　三相电路测试表

| 负载情况 测量数据 | 开灯盏数 | | | 线电压=相电压/V | | | 线电流/A | | | 相电流/A | | |
|---|---|---|---|---|---|---|---|---|---|---|---|---|
| | A-B 相 | B-C 相 | C-A 相 | $U_{AB}$ | $U_{BC}$ | $U_{CA}$ | $I_A$ | $I_B$ | $I_C$ | $I_{AB}$ | $I_{BC}$ | $I_{CA}$ |
| 三相平衡 | 3 | 3 | 3 | | | | | | | | | |
| 三相不平衡 | 1 | 2 | 3 | | | | | | | | | |

实验注意事项：

① 本实验采用三相交流市电，线电压为 380V，应穿绝缘鞋进实验室。实验时要注意人身安全，不可触及导电部件，防止意外事故发生。

② 每次接线完毕，同组同学应自查一遍，然后由指导教师检查后，方可接通电源，必须严格遵守先断电、再接线、后通电，先断电，后拆线的实验操作原则。

③ 星形负载作短路实验时，必须首先断开中线，以免发生短路事故。

④ 为避免烧坏灯泡，DG08 实验挂箱内设有过压保护装置。当任一相电压大于 245～250V 时，发出声光报警并跳闸。因此，在做Y接不平衡负载或缺相实验时，所加线电压应以最高相电压小于 240V 为宜。

## 2.15.3　实验报告

① 用实验测得的数据验证对称三相电路中的 $\sqrt{3}$ 倍关系。

② 用实验数据和观察到的现象，总结三相四线供电系统中中线的作用。

③ 不对称三角形连接的负载，能否正常工作？ 实验是否能证明这一点？

④ 根据不对称负载三角形连接时的相电流值作相量图，并求出线电流值，然后与实验测得的线电流作比较，分析。

# 任务 16  三相交流电路功率的测量

## 任务能力目标

● 掌握用一瓦特表法、二瓦特表法测量三相电路有功功率与无功功率的方法
● 进一步熟练掌握功率表的接线和使用方法

### 2.16.1  实验原理说明

对于三相四线制供电的三相星形连接的负载（即$Y_0$接法），可用一只功率表测量各相的有功功率 $P_A$、$P_B$、$P_C$，则三相负载的总有功功率 $\Sigma P = P_A + P_B + P_C$。这就是一瓦特表法，如图 2-51 所示。若三相负载是对称的，则只需测量一相的功率，再乘以 3 即得三相总的有功功率。

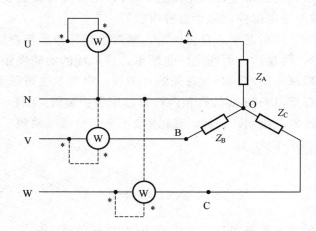

图 2-51  一瓦特表法实验电路

三相三线制供电系统中，不论三相负载是否对称，也不论负载是Y接还是△接，都可用二瓦特表法测量三相负载的总有功功率。测量线路如图 2-52 所示。若负载为感性或容性，且当相位差$\varphi > 60°$时，线路中的一只功率表指针将反偏（数字式功率表将出现负读数），这时应将功率表电流线圈的两个端子调换（不能调换电压线圈端子），其读数应记为负值。而三相总功率$\Sigma P = P_1 + P_2$（$P_1$、$P_2$本身不含任何意义）。

对于三相三线制供电的三相对称负载，可用一瓦特表法测得三相负载的总无功功率$Q$，测试原理线路如图 2-53 所示。

图中功率表读数的$\sqrt{3}$倍即为对称三相电路总的无功功率。

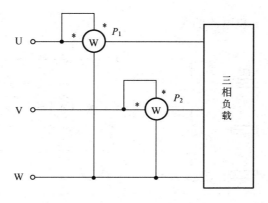

图 2-52　二瓦特表法实验电路

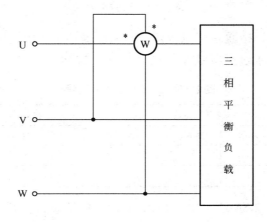

图 2-53　实验电路

实验设备见表 2-56。

表 2-56　实验设备

| 序号 | 名　　称 | 型号与规格 | 数量 | 备注 |
|---|---|---|---|---|
| 1 | 交流电压表 | 0～500V | 2 | D33 |
| 2 | 交流电流表 | 0～5A | 2 | D32 |
| 3 | 单相功率表 | — | 2 | D34 |
| 4 | 万用表 | — | 1 | 自备 |
| 5 | 三相自耦调压器 | — | 1 | DG01 |
| 6 | 三相灯组负载 | 220V，15W　白炽灯 | 9 | DG08 |
| 7 | 三相电容负载 | 1μF，2.2μF，4.7μF/500V | 各 3 | DG09 |

## 2.16.2　实验内容

### （1）用一瓦特表法测定三相对称Y₀接以及不对称Y₀接负载的总功率

实验按图 2-54 所示线路接线。线路中的电流表和电压表用以监视该相的电流和电压，不要超过功率表电压和电流的量程。

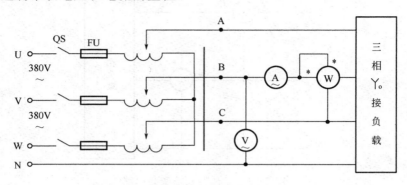

图 2-54　实验电路

经指导教师检查后，接通三相电源，调节调压器输出，使输出线电压为 220V，按三相电路功率测量表的要求进行测量及计算（见表 2-57）。

表 2-57　三相电路功率测量表

| 负载情况 | 开灯盏数 | | | 测量数据 | | | 计算值 |
| --- | --- | --- | --- | --- | --- | --- | --- |
| | A 相 | B 相 | C 相 | $P_A/W$ | $P_B/W$ | $P_C/W$ | $\Sigma P/W$ |
| Y$_0$ 接对称负载 | 3 | 3 | 3 | | | | |
| Y$_0$ 接不对称负载 | 1 | 2 | 3 | | | | |

首先将三只表按图 2-54 所示电路接入 B 相进行测量，然后分别将三只表换接到 A 相和 C 相，再进行测量。

### （2）用二瓦特表法测定三相负载的总功率

① 按图 2-55 所示实验电路接线，将三相灯组负载接成Y形接法。

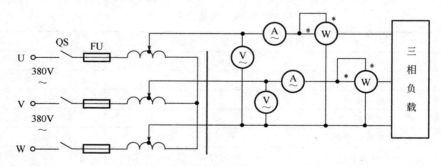

图 2-55　实验电路

经指导教师检查后，接通三相电源，调节调压器的输出线电压为 220V，按三相电路功率测量表的内容进行测量。

② 将三相灯组负载改成△形接法，重复①的测量步骤，数据记入三相电路功率测量表中（见表 2-58）。

表 2-58　三相电路功率测量表

| 负载情况 | 开灯盏数 | | | 测量数据 | | 计算值 |
|---|---|---|---|---|---|---|
| | A 相 | B 相 | C 相 | $P_1$/W | $P_2$/W | $\Sigma P$/W |
| Y接平衡负载 | 3 | 3 | 3 | | | |
| Y接不平衡负载 | 1 | 2 | 3 | | | |
| △接不平衡负载 | 1 | 2 | 3 | | | |
| △接平衡负载 | 3 | 3 | 3 | | | |

③ 将两只瓦特表依次按另外两种接法接入线路，重复①、②的测量（表格自拟）。

**（3）用一瓦特表法测定三相对称星形负载的无功功率**

按图 2-56 所示的电路接线。

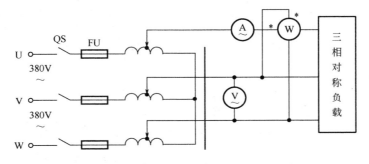

图 2-56　实验电路

① 每相负载由白炽灯和电容器并联而成，并由开关控制其接入。检查接线无误后，接通三相电源，将调压器的输出线电压调到 220V，读取三表的读数，并计算无功功率 $\Sigma Q$，记入三相电路功率测量表（见表 2-59）。

② 分别按 $I_V$、$U_{UW}$ 和 $I_W$、$U_{UV}$ 接法，重复①的测量，并比较各自的 $\Sigma Q$ 值。

表 2-59　三相电路功率测量表

| 接法 | 负载情况 | 测量值 | | | 计算值 |
|---|---|---|---|---|---|
| | | $U$/V | $I$/A | $Q$/var | $\Sigma Q = \sqrt{3}\, Q$/var |
| $I_U$, $U_{VW}$ | a. 三相对称灯组（每相开 3 盏） | | | | |
| | b. 三相对称电容器（每相 4.7μF） | | | | |
| | c. a、b 的并联负载 | | | | |
| $I_V$, $U_{VW}$ | a. 三相对称灯组（每相开 3 盏） | | | | |
| | b. 三相对称电容器（每相 4.7μF） | | | | |
| | c. a、b 的并联负载 | | | | |
| $I_W$, $U_{VW}$ | a. 三相对称灯组（每相开 3 盏） | | | | |
| | b. 三相对称电容器（每相 4.7μF） | | | | |
| | c. a、b 的并联负载 | | | | |

实验注意事项：

每次实验完毕，均需将三相调压器旋柄调回零位。每次改变接线，均需断开三相电源，以确保人身安全。

### 2.16.3　实验报告

①　完成数据表格中的各项测量和计算任务。比较一瓦特表和二瓦特表法的测量结果。

②　总结、分析三相电路功率测量的方法与结果。

③　心得体会及其他。

# 项目 3

# 基础实训

## 项目综述

本项目训练学生：①熟练掌握常用电工工具、仪表的正确使用方法，掌握电力线的剖削及连接方法；②了解手工焊接方面的技术工艺，熟练掌握焊接技术要领；③认知常用低压电器、常用光源、电机；④了解常用电器的工作原理及用途。

# 任务 1　常用电工工具、仪表的使用

## 任务能力目标

● 常用电工工具的使用
● 电工测量仪表的使用

### 3.1.1　常用电工工具的使用

**（1）验电笔**

验电笔是检验导线、电器和电气设备是否带电的电工常用工具，它由氖管、电阻、弹簧和笔身等组成，如图 3-1 所示，分钢笔式和螺钉旋具式两种。

验电笔使用时，正确的握笔方法如图 3-2 所示，手指触及其尾部金属体，氖管背光朝向使用者，以便验电时观察氖管辉光情况。

当被测带电体与大地之间的电位差超过 60V 时，用验电笔测试带电体，氖管就会发光。验电笔测试范围为 60～500V。

验电笔主要用途如下：

① 区别相线与零线　在交流电路中，当验电笔触及导线时，氖管发亮的即是相线；正常时，零线不会使氖管发亮。

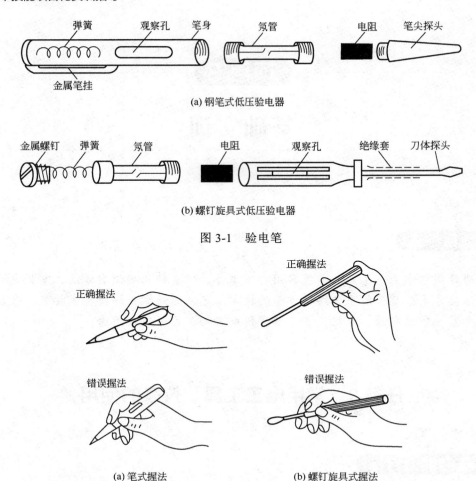

(a) 钢笔式低压验电器

(b) 螺钉旋具式低压验电器

图 3-1  验电笔

图 3-2  验电笔及其握法

② 区别电压的高低  测试时可根据氖管发亮的强弱来估计电压的高低。

③ 区别直流电与交流电  交流电通过验电笔时，氖管里的两个极同时发亮；直流电通过验电笔时，氖管里两个极只有一个发亮。

④ 区别直流电的正负极  把验电笔连接在直流电的正负极之间，氖管发亮的一端即为直流电的正极。

⑤ 识别相线碰壳  用验电笔触及电机、变压器等电气设备外壳，若氖管发亮，则说明该设备相线有碰壳现象。如果壳体上有良好的接地装置，氖管是不会发亮的。

⑥ 识别相线接地  用验电笔触及三相三线制星形接法的交流电路时，有两根比通常稍亮，而另一根的亮度则暗些，说明亮度较暗的相线有接地现象，但不太严重。如果两根很亮，而另一根不亮，则这一相有接地现象。在三相四线制电路中，当单相接地后，中线用验电笔测量时，也会发亮。

**（2）钢丝钳**

它是弯、钳、剪导线的电工常用工具。由钳头和钳柄两大部分构成，钳头由钳口、齿口、刀口和铡口组成，如图 3-3（a）所示。钢丝钳的使用方法如图 3-4 所示。

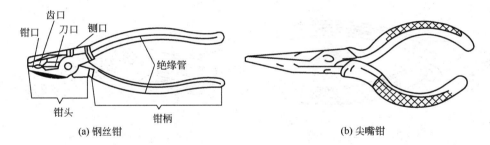

图 3-3  钢丝钳和尖嘴钳

钢丝钳的主要用途有：

① 用钳口来弯绞或钳夹导线线头；

② 用齿口来紧固或旋松螺母；

③ 用刀口来剪切或剖削软导线绝缘层；

④ 用铡口来铡切粗电线线芯、钢丝或铅丝等较硬金属。

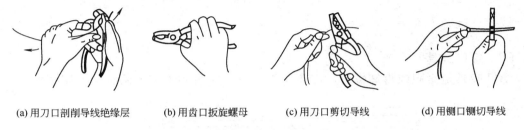

图 3-4  钢丝钳的使用方法

### （3）尖嘴钳

头部的尖细使它常在狭小的空间操作，外形如图 3-3（b）所示。

尖嘴钳的主要用途有：

① 钳刃口剪断细小金属丝；

② 夹持较小螺钉、垫圈、导线等元件；

③ 装接控制线路板时，将单股导线弯成一定圆弧的接线鼻子。

### （4）断线钳

又称斜口钳，其外形如图 3-5 所示，其耐压为 1000V，可直接剪断低电压带电导线。主要用途是专供剪断较粗的金属丝、线材及电线电缆等。

### （5）剥线钳

它是用于剖削小直径导线绝缘层的专用工具，其外形如图 3-6 所示。使用时，将要剖削的绝缘层长度用标尺定好以后，即可把导线放入相应的刃口中，用手将钳柄一握，导线的绝缘层即被割破自动弹出。

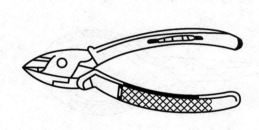

图 3-5　断线钳

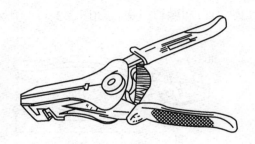

图 3-6　剥线钳

### （6）电工刀

其外形如图 3-7 所示。由于刀柄是无绝缘的，不能在带电导线或器材上剖削，以免

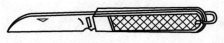

图 3-7　电工刀

触电。使用时，应将刀口朝外剖削。剖削导线绝缘层时，应将刀面与导线成较小的锐角，以免割伤导线芯。刀用毕后，随即将刀身折入刀柄。

电工刀的主要用途有：用来剖削电线线头、切割木台缺口、削制木楔等。

### （7）螺钉旋具

螺钉旋具是紧固或拆卸螺钉的专用工具。有一字形和十字形两种，如图 3-8 所示。

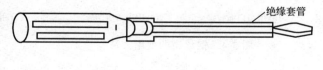

绝缘套管

(a) 一字形

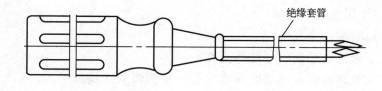

绝缘套管

(b) 十字形

图 3-8　螺丝刀

一字形螺钉旋具电工必备的是 50mm 和 150mm 两种；十字形螺钉旋具常用的规格有四种，Ⅰ 号适用于直径为 2～2.5mm 的螺钉，Ⅱ 号为 3～5mm 的螺钉，Ⅲ 号为 6～8mm 的螺钉，Ⅳ 号为 10～12mm 的螺钉。使用螺钉旋具紧固和拆卸带电的螺钉时，手不得触及螺钉旋具的金属杆，以免发生触电事故。为了避免螺钉旋具的金属杆触及皮肤，或触及邻近带电体应在金属杆上穿套绝缘管。正确的使用方法如图 3-9 所示。

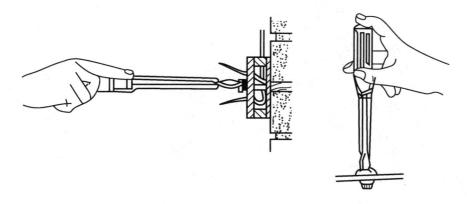

图 3-9  螺钉旋具正确的使用方法

### （8）活络扳手

它是用来紧固或旋松螺母的专用工具，由头部和柄部组成，头部又由活络扳唇、呆扳唇、扳口、蜗轮和轴销等构成，如图 3-10 所示。旋动蜗轮可调节扳口的大小。

电工常用的规格有 150mm、200mm、250mm 和 300mm 四种。在使用时，扳大螺母时，手应握在靠近柄尾部，扳小螺母时手握在靠近头部即可，如图 3-10 所示。另外，活络扳手不可反用，以免损坏活络扳唇。也不可用钢管接长手柄来加力，更不得当撬杠或手锤使用。

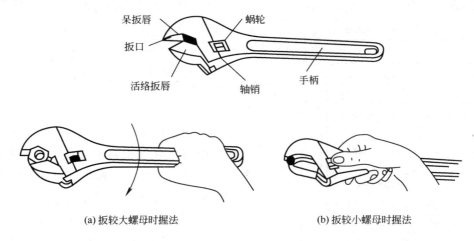

(a) 扳较大螺母时握法          (b) 扳较小螺母时握法

图 3-10  活络扳手

### （9）梯子

电工常用的梯子有直梯和人字梯，直梯常用于户外登高作业，如图 3-11（a）所示。人字梯常用于户内登高作业。直梯的两脚应嵌套防滑胶皮套，人字梯还应在中间绑扎两道防自动滑开的安全绳。

电工在梯子上作业时，既要扩大人体作业的活动幅度，又要站稳，能用上力。在人字梯上作业时，两脚应站立同一或相邻挡上，切不可采取骑马式站立，甚至站在梯子顶部来作业。

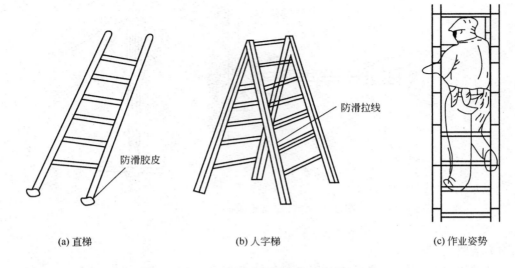

(a) 直梯          (b) 人字梯          (c) 作业姿势

图 3-11 电工用梯及作业姿势

## 3.1.2 常用电工仪表的使用

### （1）万用表

万用表是一种可以测量多种电量的多量程便携式仪表，如图 3-12 所示为 500 型模拟指针式万用表的面板结构，图 3-13 所示数字万用表面板图。万用表可用来测量交流电压、直流电压、直流电流和电阻值等，有的还能测量电容、电感，晶体管的参数值等，是电工必备的测量仪表之一。

① 模拟指针式万用表 模拟指针式万用表一般都是由表头（磁电系测量机构）、测量线路和功能与量程选择开关组成。现以 500 型万用表为例，介绍其使用方法及注意事项。

a. 万用表表笔的插接。测量时将红表笔插入 "+" 插孔，黑表笔插入 "−" 插孔。测量高压时，应将红表笔插入 2500V 插孔，黑表笔仍旧插入 "−" 插孔。

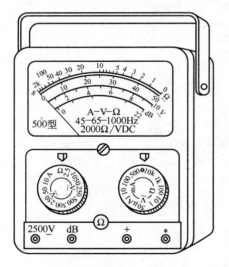

图 3-12 500 型模拟指针式万用表面板结构

b. 交流电压的测量。测量交流电压时，将万用表的转换开关置于交流电压量程范围内所需的某一量限位置上。表笔不分正负，将两表笔分别接触被测电压的两端，观察指针偏转，读数。

c. 直流电压的测量。测量直流电压时，将万用表的转换开关置于直流电压量程范围内所需的某一量限位置上。用红表笔接触被测电压的正极，黑表笔接触被测电压的负极。测量时，表笔不能接反，否则易损坏万用表。直流电压与交流电压在同一条标度尺上读数。

d．直流电流的测量。测量直流电流时，将万用表的转换开关置于直流电流量程范围内所需的某一量限位置上，再将两表笔串接在被测电路中。串接时，注意按电流从红表笔"＋"到黑表笔"－"的方向连接。读数与交、直流电压同读一条标度尺。

e．电阻值的测量。测量电阻时，将万用表的转换开关置于欧姆挡量程范围内所需的某一量限位置上，再将两表笔短接，指针偏右。调节调零电位器，使指针指示在欧姆标度尺"0"位上，接着用两表笔接触被测电阻两端，读取测量值。每转换一次量限挡位就需进行一次欧姆调零。读数读欧姆标度尺上的数，将读取的数再乘以倍率数即为被测电阻的电阻值。

f．使用模拟指针式万用表应注意的事项

● 使用前，一定要仔细检查转换开关的位置选择，避免误用而损坏万用表；

● 使用时，不能旋转转换开关；

● 电阻测量必须在断电状态下进行；

● 使用完后，将转换开关旋至空挡或交流电压最高量限位上。

② 数字万用表　图 3-13 所示是普通 TD-830 数字万用表和 DT-930FG 数字万用表的表盘，以下以这两种表为例来说明数字万用表的使用。

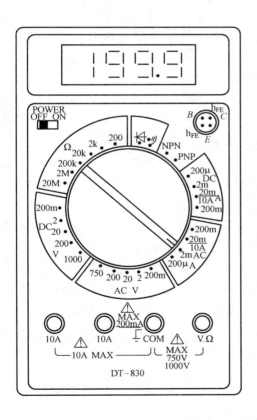

图 3-13　数字万用表面板图

a．测量直流电压。将功能量程选择开关拨到"DC V"区域内恰当的量程挡，红表笔插入"V.Ω"插孔，黑表笔插入"COM"插孔，然后将电源开关拨至"ON"位置上，将表笔与被测电路并联接入，这时即可进行直流电压的测量。注意输入的直流电压最大值不得超过1000V。

b. 测量交流电压。将功能量程选择开关拨到"AC V"区域内恰当的量程挡，同a的方法即可进行交流电压的测量。特别提醒接入的交流电压不得超过750V（有效值），且被测电压频率在45～500Hz范围内。

c. 测量直流电流。将功能量程选择开关拨到"DC A"区域内恰当的量程挡，红表笔插入"mA"插孔（被测电流≤200mA）或插入"10A"插孔（被测电流>200mA），黑表笔插入"COM"插孔，然后接通电源，即可进行直流电流的测量。使用时应注意测量的量程。

d. 测量交流电流。将功能量程选择开关拨到"AC A"区域内的恰当量程挡，其余的操作与测量直流电流时相同。

e. 测量电阻。将功能量程选择开关拨到"Ω"区域内的恰当量程挡，红表笔接"Ω"插孔，黑表笔接"COM"插孔，然后将电源接通，将两表笔接于被测电阻两端即可进行电阻测量。使用时特别注意，严禁带电测量电阻。用低挡测电阻（如用200Ω挡）时，为精确测量，可先将两表笔短接，测出两表笔的引线电阻，并根据此数值修正测量结果。测量时，应手持两表笔的绝缘杆，以防人体电阻接入，而引起测量误差。

f. 测量二极管。将功能量程选择开关拨到二极管挡，红表笔插入"V.Ω"插孔，黑表笔插入"COM"插孔，然后将电源接通，即可进行测量。测量时，红表笔接二极管正极，黑表笔接二极管负极，两表笔的开路电压为2.8V（典型值），测试电流为1.0±0.5mA。当二极管正向接入时，锗管应显示0.150～0.300V，硅管应显示0.550～0.700V。若显示超量程符号，表示二极管内部断路；显示全零，表示二极管内部短路。

g. 测量三极管。将功能量程选择开关拨到"NPN"或"PNP"位置，有的用"$h_{FE}$"表示位置，接通电源，测量时将三极管的三个管脚分别插入"$h_{FE}$"插座对应的孔内即可。

h. 检查线路通断。将功能量程选择开关拨到蜂鸣器位置，红表笔接入"V.Ω"插孔，黑表笔接"COM"插孔，接通电源。将表笔另外两端分别接于待测导体两端，若被测线路电阻低于规定值（200±10Ω）时，蜂鸣器发出声音，表示线路是通的。

i. 测量电导时，将功能量程选择开关拨到"nS"量程挡，红表笔接"nS/F/V/Ω"插孔，黑表笔接"nS/A"插孔，然后将电源接通，将两表笔接于被测元件两端即可进行电导测量。使用时特别注意，不得带电测量电导。电导测量范围为0.1～100nS。

j. 测量电容时，将功能量程选择开关拨到"CAP"区域内的恰当量程挡，将电容器的两条腿分别插到表盘上测电容的专用插孔中即可进行测量。

注：频率挡的电压灵敏度是50mV，输入信号范围是50mV～10V。

k. 使用数字万用表注意事项

● 严禁在测量高电压或大电流的过程中拨动开关，以防电弧烧坏触点。

● 测量时，应注意欠压指示符号，若符号被点亮，应及时更换电池。为延长电池的使用寿命，在每次测量结束后，应立即关闭电源。

● 测量前，若无法估计被测电压或电流的大小，应先选择最高量程挡测量，然后根据显示结果选择恰当的量程。

● 测电流时，应按要求将仪表串入被测电路。若无显示，应首先检查 0.5A 的熔丝是否插入插座。

● 选择电压测量功能时，要求选择准确，防止误接。如果误用交流电压挡去测直流电压，或误用直流电压挡去测交流电压，将显示"000"，或在低位上出现跳字。

● 数字万用表在进行电阻测量、检查二极管及检查线路通断时，红表笔接"V.Ω"插孔，带正电；黑表笔接"COM"插孔，带负电。该种情况与模拟万用表正好相反，使用时应特别注意。

### （2）兆欧表

它是一种专门用来测量电气设备绝缘电阻的便携式仪表。兆欧表在结构上是由磁电系比率表、高压直流电源（包括手摇发电机或晶体管直流变换器）和测量线路等组成。

高压直流电源在测量时向仪表与被测绝缘电阻提供测量用直流高电压，一般有 500V、1000V、2500V、5000V 几种。使用时要求与被测电气设备的工作电压相适应。表 3-1 列举了一些在不同情况下兆欧表的选用要求。

表 3-1　不同额定电压的兆欧表的选用

| 测量对象 | 被测绝缘的额定电压/V | 所选兆欧表的额定电压/V |
| --- | --- | --- |
| 线圈绝缘电阻 | 500V 以下 | 500 |
| | 500V 以上 | 1000 |
| 电机、变压器线圈绝缘电阻 | 500V 以上 | 1000～2500 |
| 发电机线圈绝缘电阻 | 380V 以下 | 1000 |
| 电气设备绝缘 | 500V 以下 | 500～1000 |
| | 500V 以上 | 2500 |
| 绝缘子 | — | 2500～5000 |

兆欧表对外有三个接线柱：接地（E）、线路（L）、保护环（G）。对于一般性测量，只需把被测绝缘电阻接在 L 与 E 之间即可。在测量电缆芯线的绝缘电阻时，就要用 L 接芯线，用 E 接电缆外皮，用 G 接电缆绝缘包扎物。

① 兆欧表的主要用途

a．照明及动力线路对地绝缘电阻的测量。如图 3-14（a）所示，将兆欧表接线柱 E 可靠接地，接线柱 L 与被测线路连接。按顺时针方向由慢到快摇动兆欧表的发电机手柄，待兆欧表指针读数稳定后，兆欧表指示的数值就是被测线路的对地绝缘电阻值。

b．电动机绝缘电阻的测量。拆开电动机绕组的星形或三角形连接的连线。用兆欧表的两接线柱 E 和 L 分别接电动机两相绕组，如图 3-14（b）所示。摇动兆欧表发电机手柄，应以 120r/min 的转速均匀摇动手柄，待指针稳定后，读数，测出的是电动机绕组相间绝缘电阻。图 3-14（c）是电动机绕组对地绝缘电阻的测量接线，接线柱 E 接在电动机机壳上的接地螺丝或机壳上（勿接在有绝缘漆的部位），接线柱 L 接在电动机绕组上，摇动兆欧表发电机手柄，读数，测出的是电动机绕组对地的绝缘电阻值。

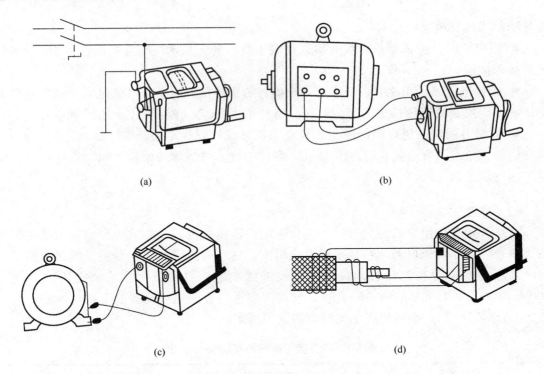

(a)          (b)

(c)          (d)

图 3-14　兆欧表测量绝缘电阻的接法

c．电缆绝缘电阻的测量。测量接线如图 3-14（d）所示。将兆欧表接线柱 E 接电缆外皮，接线柱 G 接在电缆线芯与外皮之间的绝缘层上，接线柱 L 接电缆线芯，摇动兆欧表发电机手柄，读数，测出的是电缆线芯与外皮之间的绝缘电阻值。

② 使用兆欧表应注意的事项

a．测量设备的绝缘电阻时，必须先切断设备的电源。对含有较大电容的设备，必须先进行放电。

b．兆欧表应水平放置，未接线之前，应先摇动兆欧表，观察指针是否在"∞"处，再将 L 和 E 两接线柱短路，慢慢摇动兆欧表，指针应指在零处。经开、短路试验，证实兆欧表完好方可进行测量。

c．兆欧表的引线应用多股软线，两根引线切忌绞在一起，造成测量误差。

d．在测电容或电缆的绝缘电阻时，读数后应先把表取下后停止摇动手柄，以免损坏仪表。

**（3）钳形电流表**

它是不需断开电路就可测量电流的电工用仪表。根据电流互感器原理制成，其结构如图 3-15 所示。使用时，先将其量程转换开关转到合适的挡位，手持胶木手柄，用手指钩住铁芯开关，用力一握，铁芯打开，将被测导线从铁芯开口处引入铁芯中央，松开铁芯开关使铁芯闭合，钳形电流表指针偏转，读取测量值。再打开铁芯，取出被测导线，即完成测量任务。

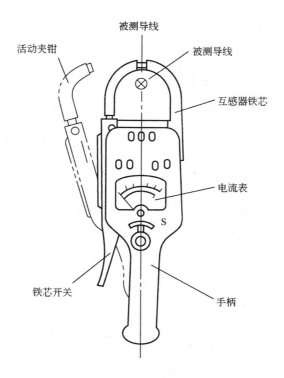

图 3-15　钳形电流表

使用时应注意的事项如下。

① 被测电压不得超过钳形电流表所规定的使用电压。

② 若不清楚被测电流大小，量程挡应由大到小逐级选择，直到合适，不能用小量程挡测大电流。

③ 测量过程不得转动量程开关。

④ 为了提高测量值的准确度，被测导线应置于钳口中央。

## 3.1.3　实训要求

### （1）验电笔测试

① 测试判别电压的性质、交流电路中的相线与零线，将测试结果填入实训任务记录表中，再用万用表测量出具体电压值，也填入记录表中。要求给出 5 根导线（其中有 2 根是交流电压高低不同、1 根为直流电压、1 根零线和 1 根空线），每人用验电笔测试和万用表各测量一遍，填入记录表中。

② 测试电路中不带负载时与带负载时的相线与零线，观察其现象并填写记录表。

### （2）钳形电流表判定

用钳形电流表判定单相交流电路带负载与否。用验电笔对不带负载的单相交流电路中相线与零线的测试点进行测试，然后给该单相交流电路带上负载，再在上述测试点处进行测试。

### （3）剥线钳使用

用剥线钳将直径为1～2mm的单股导线剖削出线头，并用尖嘴钳弯成直径为4～5mm的圆形的接线鼻子。要求每人按指定长度剖削出线头，并限时（10min）、定量（10个）完成。

### （4）螺钉旋具使用

用50mm一字形旋具旋紧木螺钉，Ⅱ号十字旋具旋紧再旋松螺钉。要求每人按规定姿势站立在人字梯的三挡以上，在墙面的配电板上10min内拧紧5个木螺钉，在5min内对3mm厚的铁皮上的螺孔拧紧5个木螺钉，检查后5min内再旋松，并取下。

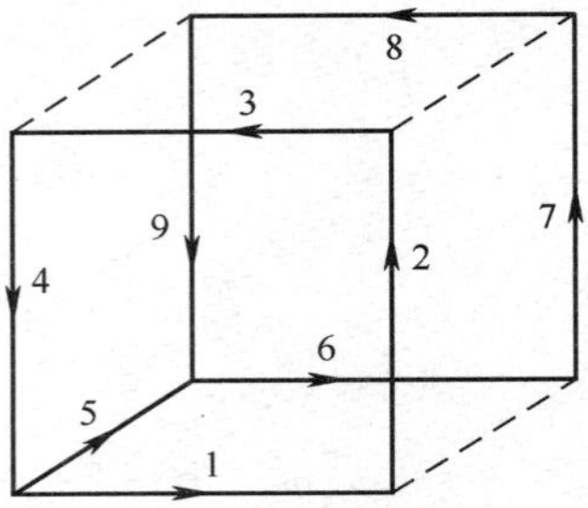

### （5）电工刀使用

剖削废旧塑料单芯铜线的绝缘层，将剖削后的单芯线用钢丝钳弯成5cm边长的立方体形状。要求先用电工刀剖削废旧塑料单芯铜线绝缘层，不能剖伤线芯，再用钢丝钳折弯成5cm边长的立方体形状。弯折过程如图3-16所示。最后用钢丝钳补剪三根线芯，长度为5cm，补齐立方体的12条边，以备焊接实训使用。

图3-16　立方体弯折过程

 **实训记录**

① 兆欧表又称摇表，其理由是＿＿＿＿＿＿＿＿＿＿＿＿＿＿＿＿＿＿＿＿＿＿＿＿＿。

② 用钳形电流表测量单相交流电路中某一回路的电流时，钳形电流表只能钳入一根相线，测量电流值，而不能同时钳入两根（相线与零线），这是为什么?如果只钳入一根零线进行测量是否可以?

③ 验电笔、万用表、钳形电流表测试及测量记录表（见表3-2）。

表3-2　记录表

| 项目 | 导线色别 | 验电笔测试 | 仪表测量值 | | 分析及结构 |
|---|---|---|---|---|---|
| | | | 电压/V | 电流/A | |
| 对导线测试 | | | | | |
| | | | | | |
| | | | | | |
| | | | | | |
| | | | | | |

续表

| 项目 | | 导线色别 | 验电笔测试 | 仪表测量值 | | 分析及结构 |
| --- | --- | --- | --- | --- | --- | --- |
| | | | | 电压/V | 电流/A | |
| 单相交流电路测试 | 不带负载 | | | | | |
| | | | | | | |
| | 带负载 | | | | | |
| | | | | | | |

 **实训成绩评定**

表 3-3 所示为实训成绩评定表。

表 3-3　实训成绩评定表

| 项目 | 技术要求 | 配分 | 扣分标准 | 得分 |
| --- | --- | --- | --- | --- |
| 电工工具的使用 | 正确操作电工工具的功能，使用得当、迅速、灵活 | 50 分 | 不会电工工具的握法　每件扣 10 分；<br>使用不得当　每件扣 5 分；<br>做不到迅速、灵活使用　扣 10 分 | |
| 电工仪表的使用 | 对电工仪表正确接线、合理选择量程，规范使用、读数准确 | 50 分 | 不会接线　每件扣 10 分；<br>量程选择错误　每次扣 5 分；<br>使用不规范　每件扣 10 分；<br>不会读数或读错　每次扣 5 分 | |
| 安全文明操作 | 违反安全操作、损坏工具或仪表　扣 20～50 分 | | | |
| 考评形式 | 时限型 | 教师签字 | 总分 | |

# 任务 2　导线的连接及绝缘的恢复

**任务能力目标**

- 熟练常用电工工具的使用方法
- 掌握电力线的剖削及连接方法

## 3.2.1　导线线头绝缘层的剖削

电工必须学会用电工刀或钢丝钳来剖削绝缘层。各种类型电力线剖削方法有所不同。

**（1）塑料硬线绝缘层的剖削**

① 芯线截面为 4mm² 及以下的塑料硬线一般用钢丝钳进行剖削。

具体操作方法为：用左手捏住导线，根据线头所需长度，用钳头刀口轻切塑料层，但不可切入芯线，然后用右手握住钢丝钳头部用力向外勒去塑料绝缘层，与此同时，左手把紧导线反向用力配合动作。如图 3-4 所示。

② 芯线截面大于 4mm² 的塑料硬线可用电工刀来剖削绝缘层。

具体操作方法为：根据所需的线端长度，用刀口以 45°倾斜角切入塑料绝缘层，不可切入芯线；接着刀面于芯线保持 15°角左右，用力向线端推削，削去上面一层塑料绝缘，然后将绝缘层剥离芯线向后扳翻，用电工刀取齐切去，如图 3-17 所示。

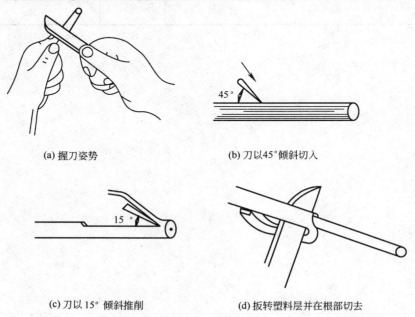

(a) 握刀姿势　　　　　　　　　　(b) 刀以45°倾斜切入

(c) 刀以15°倾斜推削　　　　　　(d) 扳转塑料层并在根部切去

图 3-17　电工刀剥离塑料硬线绝缘层

**（2）塑料软线绝缘层的剖削**

塑料软线绝缘层只能用剥线钳或钢丝钳来剖削，不可用电工刀剖削，因其容易切断芯线。具体的操作方法如同剖削芯线截面为 4mm² 及以下的塑料硬线。

**（3）塑料护套线绝缘层的剖削**

护套层用电工刀来剥离，方法如图 3-18 所示。按所需长度用刀尖在线芯缝隙间划开护套层，接着扳翻，用刀口切齐。绝缘层的剖削如同塑料线，但绝缘层与护套层间的切口应留有 5～10mm 距离。

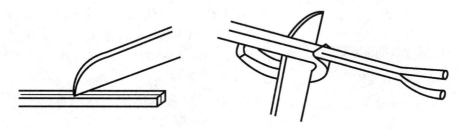

图 3-18　塑料护套线绝缘层的剖削

**（4）橡皮线绝缘层的剖削**

先把编织保护层用电工刀尖划开，与剥离护套层的方法类同，然后用剖削塑料线绝缘层相同的方法剥去橡胶层。

**（5）花线绝缘层的剖削**

因棉纱织物保护层较软，如图 3-19 所示，在所需长度处用电工刀在棉纱织物保护层四周割切一圈拉去，距棉纱织物保护层 10mm 处，用钢丝钳刀口切割橡胶绝缘层，不能损伤芯线，然后右手握住钳头，左手把花线用力抽拉，钳口勒出橡胶绝缘层；最后露出了棉纱层，把棉纱层松散开来，用电工刀割断。

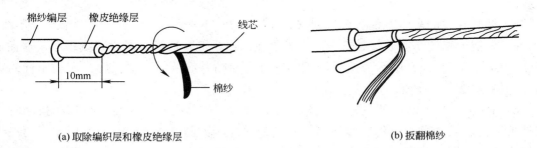

(a) 取除编织层和橡皮绝缘层　　　　　　　　(b) 扳翻棉纱

图 3-19　花线绝缘层的剖削

## 3.2.2　导线的连接

**（1）铜芯导线的连接**

当导线不够长或分接支路时，就要将导线与导线连接，常用导线的线芯有单股、

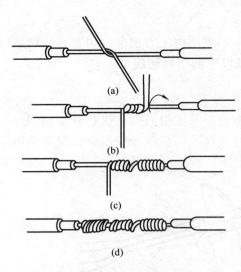

图 3-20　单股铜芯导线直接连接

7 股和 19 股等，连接方法随芯线的股数不同而定。

① 单股铜芯导线的直接连接　先把两线端 X 形相交，如图 3-20（a）所示；互相绞合 2～3 圈，如图 3-20（b）所示；然后扳直两线端，将每线端在线芯上紧贴并绕 6 圈，如图 3-20（c）、（d）所示。多余的线端剪去，并钳平切口毛刺。

② 单股铜芯导线的 T 字分支连接　连接时要把支线芯线头与干线芯线十字相交，使支线芯线根部留出约 3～5mm；较小截面芯线按图 3-21 所示的方法，环绕成结状，再把支线线头抽紧扳直，然后紧密地并缠 6～8 圈，剪去多余芯线，钳平切口毛刺。较大截面的芯线绕成结状后不易平服，可在十字相交后直接并缠 8 圈，但并缠时必须十分地紧密牢固。

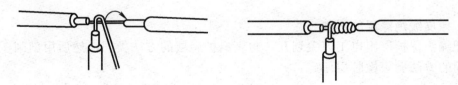

图 3-21　单股铜芯导线 T 字分支连接

③ 7 股铜芯导线的直接连接

a．先将剖去绝缘层的芯线头拉直，接着把芯线头全长的 1/3 根部进一步绞紧，然后把余下的 2/3 根部的芯线头，如图 3-22（a）所示方法，分散成伞骨状，并将每股芯线拉直。

b．把两导线的伞骨状线头隔放对叉，如图 3-22（b）所示，然后捏平两端每股芯线。

c．先把一端的 7 股芯线按 2、2、3 股分成三组，接着把第一组股芯线扳起，垂直于芯线，如图 3-22（c）所示，然后按顺时针方向紧贴并缠两圈，再扳成与芯线平行的直角，如图 3-22（d）所示。

d．按照上一步骤相同方法继续紧缠第二和第三组芯线，但在后一组芯线扳起时，应把扳起的芯线紧贴前一组芯线已弯成直角的根部，如图 3-22（e）、（f）所示。第三组芯线应紧缠三圈，如图 3-22（g）所示。每组多余的芯线端应剪去，并钳平切口毛刺。导线的另一端连接方法相同。

④ 19 股铜芯导线的直接连接　连接方法与 7 股芯线的基本相同，芯线太多，可剪去中间的几股芯线，缠接后，在连接处尚需进行钎焊，以增强其机械强度和改善导电性能。

⑤ 7 股铜芯导线的 T 字分支连接　把分支芯线线头的 1/8 处根部进一步绞紧，再把 7/8 处部分的 7 股芯线分成两组，如图 3-23（a）所示；接着把干线芯线用螺丝刀撬分两组，把支线四股芯线的一组插入干线的两组芯线中间，如图 3-23（b）所示；然后把三

股芯线的一组往干线一边按顺时针紧缠 3～4 圈，钳平切口，如图 3-23（c）所示；另一组四股芯线则逆时针缠绕 4～5 圈，两端均剪去多余部分，如图 3-23（d）所示。

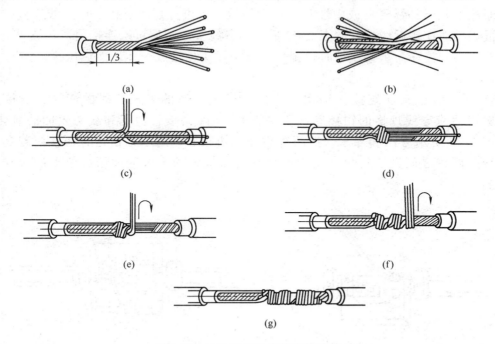

图 3-22　7 股铜芯导线的直接连接

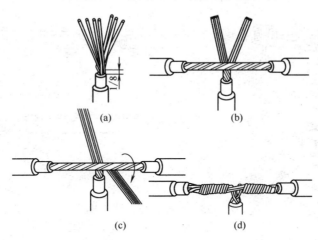

图 3-23　7 股铜芯导线的 T 字分支连接

⑥ 19 股铜芯导线的 T 字分支连接　19 股铜芯导线的 T 字分支与 7 股芯线导线基本相同。只是将支路导线的芯线分成 9 根和 10 根，并将 10 根芯线插入干线芯线中，各分两次向左右缠绕。

**（2）铝芯导线的连接**

铝极易氧化，而氧化铝膜的电阻率又很高，所以铝芯导线不能采用铜芯线的方法进行连接，否则容易发生事故。铝芯导线的连接方法如下。

① 螺钉压接法连接 适用于负荷较小的单股芯线连接。在线路上可通过开关、灯头和瓷接头上的接线桩螺钉进行连接。连接前必须用钢丝刷除去芯线表面的氧化铝膜，并立即涂上凡士林锌膏粉或中性凡士林，然后方可进行螺丝压接。作直线连接时，先把每根铝导线在接近线端处卷上 2～3 圈，以备线头断裂后再次连接用，若是两个或两个以上线头同接在一个接线桩时，则先把几个线头拧接成一体，然后压接，如图 3-24 所示。

② 钳接管压接法连接 适用于户内外较大负荷的多根芯线的连接。压接方法是：选用适应导线规格的钳接管（压接管），清除钳接管内孔和线头表面的氧化层，按如图 3-25 所示方法和要求，把两线头插入钳接管，用压接钳进行压接。若是钢芯铝绞线，两线之间则应衬垫一条铝质垫片，钳接管的压坑数和压坑位置的尺寸是有标准的。

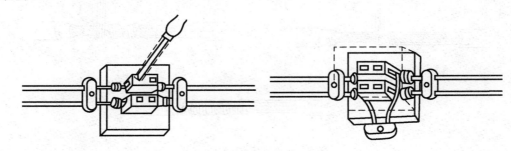

图 3-24　单股铝芯导线的螺钉压接法连接

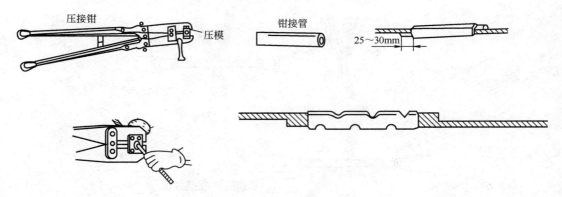

图 3-25　钳接管压接法连接

### （3）线头与接线桩的连接

在各种用电器或电气装置上，均有接线桩供连接导线用，常用的接线桩有针孔式和螺钉平压式两种。

① 线头与针孔式接线桩的连接 方法如图 3-26 所示，在针孔式接线桩上接线时，如果单股芯线与接线桩插线孔大小适宜，只要把芯线插入针孔，旋紧螺钉即可，如图 3-26（a）所示。如果单股芯线较细，则要把芯线折成双根，再插入针孔；或选一根直径大小相宜的铝导线作绑扎线，在已绞紧的线头上紧密缠绕一层，线头和针孔合适后再进行压接，如图 3-26（b）所示。如果是多根软芯线，必须先绞紧线芯，再插入针孔，切不

可有细丝露在外面，以免发生短路事故。若线头过大，插不进针孔，可将线头散开，适量减去中间几股，然后绞紧线头，进行压接，如图3-26（c）所示。

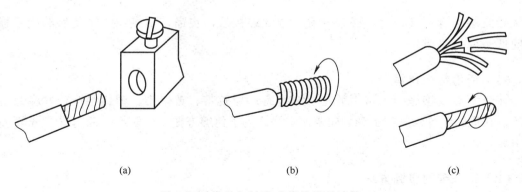

(a)    (b)    (c)

图 3-26　线头与针孔式接线桩的连接

② 线头与螺钉平压式接线桩的连接　在螺钉平压式接线桩上接线时，如果是较小截面单股芯线，则必须把线头弯成羊眼圈，如图3-27所示，羊眼圈弯曲的方向应与螺钉拧紧的方向一致。多股芯线与螺钉平压式接线桩连接时，压接圈的弯法如图3-28所示。较大截面单股芯线与螺钉平压式接线桩连接时，线头需装上接线耳，由接线耳与接线桩连接。

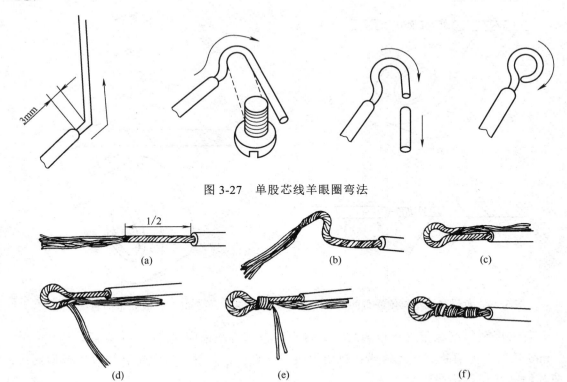

图 3-27　单股芯线羊眼圈弯法

(a)    (b)    (c)

(d)    (e)    (f)

图 3-28　多股芯线压接圈弯法

### 3.2.3  导线绝缘层的恢复

导线的绝缘层破损后，必须恢复，导线连接后，也需恢复绝缘。恢复后的绝缘强度不应低于原有绝缘层。

**（1）所用绝缘材料**

在恢复导线绝缘中，常用的绝缘材料有：黑胶带、黄蜡带、塑料绝缘带和涤纶薄膜带等，它们的绝缘强度按上列顺序依次递增。为了包缠方便，一般绝缘带选用 20mm 宽较适中。

**（2）绝缘带的包缠方法**

将黄蜡带（或塑料绝缘带）从导线的左边完整的绝缘层上开始包缠，包缠两带宽后方可进入无绝缘层的芯线部分，如图 3-29（a）所示。

包缠时，黄蜡带（或塑料绝缘带）与导线保持约 45°的倾斜角，每圈压叠带宽的 1/2，如图 3-29（b）所示。包缠一层黄蜡带后，将黑胶布带接在黄蜡带的尾端，按另一斜迭方向包缠一层黑胶布带，也要每圈压迭带宽的 1/2，如图 3-30 所示。

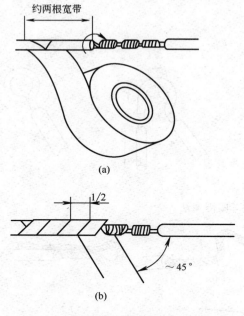

图 3-29  黄蜡带或塑料绝缘带的包缠

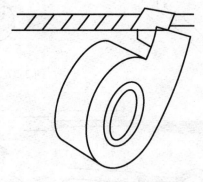

图 3-30  黑胶布带的包缠

若采用塑料绝缘带进行包缠时，就按上述包缠方法来回包缠 3～4 层后，留出 10～15mm 长段，再切断塑料绝缘带；将留出段用火点燃，并趁势将燃烧软化段用拇指摁压，使其粘贴在塑料绝缘带上。

**（3）包缠要求**

① 用在 380V 线路上的导线恢复绝缘时，必须先包缠 1～2 层黄蜡带，然后再包缠

一层黑胶布带。

② 用在 220V 线路上的导线恢复绝缘时，先包缠一层黄蜡带，然后再包缠一层黑胶布带。也可只包缠两层黑胶布带。

③ 绝缘带包缠时，不能过疏，更不能露出芯线，以免造成触电或短路事故。

④ 绝缘带平时不可放在温度很高的地方，也不可浸染油类。

## 3.2.4 实训要求

① 使用钢丝钳、电工刀剖削塑料单股硬线和多股软线以及橡皮线等，在规定的时间里完成所要求的数量，要求按所教手法用钢丝钳对 1.5mm$^2$ 的单股铜芯塑料线和 0.75mm$^2$ 的多股铜芯软塑料线进行剖削各 10 根，在 10min 内完成；按所教手法用电工刀对 7 股铜芯线（可用 7 股铝芯线替代）剖削各 6 根，在 30min 内完成。

② 直接连接和 T 字分支连接单股、多股铜芯线时，要求将上述剖削的单股铜芯导线直接连接完成 5 个接头，T 字分支连接也完成 5 个接头（需重新剖削部分导线绝缘层），在 30min 内完成；将剖削的 7 股 BVL 导线直接连接 2 个接头，T 字分支连接 2 个接头，在 1h 内完成。

③ 在铝导线连接中，会压接线头铝鼻子，按规范的操作每人压接一个铝鼻子，体会手法。

④ 定时地规范恢复绝缘层。将上述连接出来的各种导线在 1h 时间内用规范的手法恢复绝缘层。

 **实训记录**

表 3-4 所示为实训记录表。

表 3-4 实训记录表

| 剖削对象 | 剖削根数 | 剖削所用时间 | 剖削质量 |
| --- | --- | --- | --- |
| 钢丝钳对单股铜芯塑料线 | | | |
| 钢丝钳对多股铜芯软塑料线 | | | |
| 电工刀对 7 股铝芯线 | | | |
| 电工刀对橡皮护套线 | | | |
| 连接对象 | 连接根数 | 连接所用时间 | 连接质量 |
| 单股铜芯导线直接连接 | | | |
| 单股铜芯导线 T 字分支连接 | | | |
| 7 股导线直接连接 | | | |
| 7 股导线 T 字分支连接 | | | |

 **实训成绩评定**

表 3-5 所示为实训成绩评定表。

**表 3-5 实训成绩评定表**

| 项目 | 技 术 要 求 | 配分 | 扣分标准 | 得分 |
|---|---|---|---|---|
| 导线选用 | 根据负载情况能确定导线的截面积；<br>根据用途状况能选用导线的型号及规格 | 15 分 | 通过负载情况不会确定导线的截面积<br>扣 10 分；<br>根据用途状况不会选用导线的型号及<br>规格 扣 10 分 | |
| 导线剖削 | 剖削导线方法得当、工艺规范；<br>剖削后导线无损伤 | 15 分 | 导线剖削方法不正确 扣 5 分；<br>导线损伤为刀伤 扣 5 分；<br>导线损伤为锉伤 扣 3 分 | |
| 导线连接 | 导线缠绕方法正确、缠绕整齐<br>平直、紧凑且圆 | 50 分 | 导线缠绕方法不正确 扣 20 分；<br>缠绕不整齐 扣 15 分；<br>不平直 扣 10 分；<br>不紧凑且不圆 扣 20 分 | |
| 恢复<br>绝缘层 | 包缠正确、工艺规范；<br>恢复绝缘层数满足要求；<br>不渗水 | 20 分 | 包缠方法不正确 扣 10 分；<br>绝缘层数不够 扣 5 分；<br>渗水每层扣 10 分 | |
| 安全文明操作 | | | 违反安全操作、损坏工具或仪表 扣 20～50 分 | |
| 考评形式 | 时限成果型 | 教师签字 | | 总分 | |

# 任务 3　焊接技能初步知识

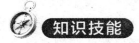

### 任务能力目标

- 了解手工焊接方面的技术工艺
- 掌握焊接技术要领
- 熟练进行焊接操作

### 知识技能

## 3.3.1　焊接的初步知识

**（1）焊接概念**

利用加热或其他方法，使焊料与焊接金属原子之间互相吸引（相互扩散），依靠原子间的内聚力使两种金属永久地牢固结合。

**（2）焊接种类**

有熔焊、钎焊及接触焊。在电子设备装配和维修中主要采用的是钎焊。

钎焊就是通过加热把作为焊料的金属熔化成液态，使被焊固态金属（母材）连接在一起，并在焊点发生化学变化。钎焊中用的焊料是起连接作用的，其熔点必须低于被焊金属材料的熔点。根据焊料熔点的高低，钎焊又分为硬焊（焊料熔点高于 450℃）和软焊（焊料熔点低于 450℃）。锡焊就是软焊的一种。

**（3）焊接（锡焊）的必备条件**

锡焊的过程其实就是锡焊点形成的过程，将熔化成液态的焊料借助于焊剂的作用，熔于被焊接金属的缝隙，如果熔化的焊锡和被焊接的金属的结合面上不存在其他任何杂质，那么焊锡中的锡和铅的任何一种原子会进入被焊接金属材料的晶格，在焊接面间形成金属合金，并使其连接在一起，得到牢固可靠的焊接点。锡焊的必备条件为：

① 母材应具有良好的可焊性；

② 母材表面和焊锡应保持清洁接触，应清除被焊金属表面的氧化膜；

③ 应选用性能最佳的助焊剂；

④ 焊锡的成分及性能应在母材表面产生浸润现象，使焊锡与被焊金属原子间因内聚力作用而融为一体；

⑤ 焊接要具有足够的温度，使焊锡熔化并向被焊金属缝隙渗透和向表层扩散，同时使母材的温度上升到焊接温度，以便与熔化焊锡生成金属合金；

⑥ 焊接的时间应掌握适当，过长过短都不行。

### 3.3.2 电烙铁的种类、构造及选用

**（1）电烙铁的种类及构造**

电烙铁有外热式、内热式、吸锡式和恒温式等类别，不论哪种电烙铁，都是在接通电源后，电阻丝绕制的加热器发热，直接通过传热筒加热烙铁头，待达到工作温度后，就可熔化焊锡，进行焊接。

① 外热式　外形及结构如图 3-31（a）所示。常用的规格有 25W、45W、75W、100W 和 300W，其特点是传热筒内部固定烙铁头，外部缠绕电阻丝，并将热量传到烙铁头上。

② 内热式　外形及结构如图 3-31（b）所示。常用的规格有 20W、30W 和 50W 等，其特点是烙铁芯装置于烙铁头空腔内部，使得发热快、热量利用率高（可达 85%～90% 以上），另外，体积小、质量轻和省电，最适用于晶体管等小型电子器件和印刷线路板的焊接。

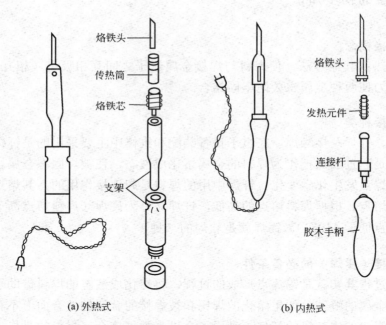

(a) 外热式　　　　　　　　　(b) 内热式

图 3-31　外热式电烙铁和内热式电烙铁

③ 吸锡电烙铁　用于拆换电子器件。操作时，先用吸锡电烙铁头加热欲拆换元件的焊点，待焊锡熔化后按动控制按钮（吸锡装置），即可将熔锡吸进气筒内。在拆除焊点多的电子元器件时使用更为方便。吸锡电烙铁多为两用，在进行焊接时与一般电烙铁一样操作使用。

④ 恒温电烙铁　借助于电烙铁内部的磁性开关自动控制通电时间而达到恒温的目的。它是断续通电，比普通电烙铁省电一半。由于烙铁头始终保持在适于焊接的温度范围内，焊料不易氧化，烙铁头也不至于"烧死"，可减少虚焊和假焊，从而延长使用寿命，

并保证焊接质量。

**（2）电烙铁的选用**

电烙铁的功率、加热方式和烙铁头形状的选用主要考虑以下四个因素：

① 设备的电路结构形式；

② 被焊器件的吸热、散热状况；

③ 焊料的特性；

④ 使用是否方便。

焊接小型元器件、电路板等，选用 20～30W 的电烙铁；焊接接线柱等，选用 30～75W 的电烙铁。烙铁头形状的选用要适合焊接面的要求和焊点的密度。

另外，使用前必须检查两股电源线与保护接地线的接头，不要接错。初次使用时先将烙铁头上镀上一层锡。

## 3.3.3  焊接的基本要点

**（1）焊料、焊剂的选用**

焊接离不开焊料和焊剂，焊料是用来熔合两种或两种以上的金属面，使之成为一个整体的金属或合金。焊剂是用来改善焊接性能的。

① 焊料的选用  常用的焊料有锡铅焊料（也叫焊锡）、银焊料及铜焊料。锡铅焊料是一种合金，锡、铅都是软金属，熔点较低，配制后的熔点在 250℃ 以下。纯锡的熔点为 232℃，它具有较好的浸润性，但热流动性并不好；铅的熔点比锡高，约为 327℃，具有较好的热流动性，但浸润性能差。两者按不同的比例组成合金后，其熔点和其他物理性能等都有变化。

当合金的铅锡比例各为 50%时，其熔点为 212℃，凝固点为 182℃，182～212℃间为半凝固状态，这种合金的含锡量低，熔点高，在电子设备装配和维修中不能选用，只可用于一般焊接中。

当锡/铅为 62%/38%时，这种合金叫共晶焊锡，其熔点和凝固点都是 182℃，由液态到固态几乎不经过半凝固状态，焊点凝固迅速，缩短了焊接时间，适合在电子线路焊接中选用。目前在印刷线路板上焊接元件时，都选用低温焊锡丝，这种焊锡丝为空心，芯内装有松香焊剂，熔点为 140℃，其中含锡 51%、含铅 31%、含镉 18%。外径有 $\phi$2.5mm、$\phi$2mm、$\phi$1.5mm 和 $\phi$1mm 等几种。

② 焊剂的选用  金属在空气中，加热情况下，表面会生成氧化膜薄层。在焊接时，它会阻碍焊锡的浸润和接点合金的形成，采用焊剂能改善焊接性能。焊剂能破坏金属氧化物，使氧化物漂浮在焊锡表面上，有利于焊接；又能覆盖在焊料表面，防止焊料或金属继续氧化；还能增强焊料与金属表面的活性，增加浸润能力。

a. 对铂、金、银、铜、锡等金属，或带有锡层的金属材料，可用松香或松香酒精溶液作焊剂；

b. 对铅、黄铜、铍青铜及带有镍层的金属，若用松香焊剂，则焊接较为困难，应选用中性焊剂；

c. 对板金属，可用无机系列的焊剂，如氯化锌和氯化铵的混合物。但在电子线路焊接中，禁止使用这类焊剂；

d. 焊接半密封器件，必须选用焊后残留物无腐蚀的焊剂。

几种常用的焊剂配方见表 3-6。

表 3-6　几种常用的焊剂配方

| 名　称 | 配　方 |
|---|---|
| 松香酒精焊剂 | 松香 15～20g，无水酒精 70g，溴化水杨酸 10～15g |
| 中性焊剂 | 凡士林（医用）100g，三乙醇胺 10g，无水酒精 40g，水杨酸 10g |
| 无机焊剂 | 氯化锌 40g，氯化铵 5g，盐酸 5g，水 50g |

**（2）对焊接点的质量要求**

应包括电接触良好、机械性能牢固和美观三个方面。其中最关键的一点，就是必须避免假焊和虚焊。虚焊、假焊是指焊件表面没有充分镀上锡层，焊件之间没有被锡固住，是由焊件表面没有清除干净或焊剂用得太少所引起的；夹生焊是指锡未被充分熔化，焊件表面堆积着粗糙的锡晶粒，焊点的质量大为降低，是由电烙铁温度不够或电烙铁留焊时间太短所引起的。

假焊使电路完全不通。虚焊使焊点呈现有接触电阻的连接状态，从而使电路工作时噪声增加，产生不稳定现象，电路的工作状态时好时坏，没有规律，给电路检修工作带来很大的困难。所以，虚焊是电路可靠性的一大隐患，必须尽力避免。

**（3）焊接要点**

可用刮、镀、测、焊四个字来概括，具体还要做好以下几点。

① 焊接时的姿势和手法　焊接时要把桌椅的高度调整适当，挺胸端坐，操作者鼻尖与烙铁尖的距离应在 20cm 以上，选好电烙铁头的形状和采用恰当的烙铁握法。电烙铁的握法有握笔式和拳握式，如图 3-32 所示。

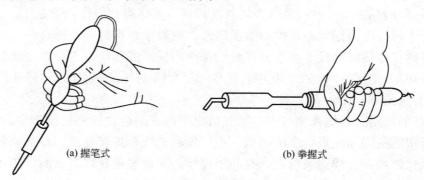

(a) 握笔式　　　　　　　　　(b) 拳握式

图 3-32　电烙铁的握法

握笔式使用的电烙铁是直型的，适合电子设备和印刷线路板的焊接；拳握式使用的电烙铁功率较大，烙铁头为弯型的，适合电气设备的焊接。

② 被焊处表面的焊前清洁和搪锡 焊接前，应先刮去引线上的油污、氧化层和绝缘漆，直到露出紫铜表面，其上面不留一点脏物为止。对于有些镀金、镀银引出线的母材，因为基材难于搪锡，所以不能把镀层刮掉，可用粗橡皮擦去表面的脏物。引线作清洁处理后，应尽快搪好锡，以防表面重新氧化。搪锡前应将引线先蘸上焊剂。

直排式集成块的引线一般在焊前不作清洁处理，但在使用前不要弄脏引线。

③ 烙铁温度和焊接时间要适当 不同的焊接对象，烙铁头需要的工作温度是不同的。焊接导线接头时，工作温度以306～480℃为宜；焊接印刷线路板线路上的元件时，一般以430～450℃为宜；焊接细线条印刷线路板或极细导线时，烙铁头的工作温度应在290～370℃为宜；而在焊接热敏元件时，其温度至少要 480℃，这样才能保证烙铁头接触器件的时间尽可能地短。

电源电压为220V时，20W烙铁头的工作温度约为290～400℃，40W烙铁头的工作温度约为400～510℃。焊接时间把握在3～5s内为最佳。

④ 恰当掌握焊点形成的火候 焊接时，不要将烙铁头在焊点上来回磨动，应将烙铁头的搪锡面紧贴焊点。等到焊锡全部熔化，并因表面张力紧缩而使表面光滑后，迅速将烙铁头从斜上方约45°角的方向移开。这时，焊锡不会立即凝固，不要移动被焊元件，也不要向焊锡吹气，待其慢慢冷却凝固。

烙铁移开后，如果焊点带出尖角，说明焊接时间过长，是由焊剂气化引起的，应重新焊接。

⑤ 焊完后的清洁 焊好的焊点，经检查后，应用无水酒精把焊剂清洗干净。

### （4）焊接方法

常见的焊接方法有网焊、钩焊、插焊和搭焊，是由焊接前的连接方式所决定的。

① 一般结构件的焊接

a. 焊接前先进行接点的连接，连接方式如图3-33所示。

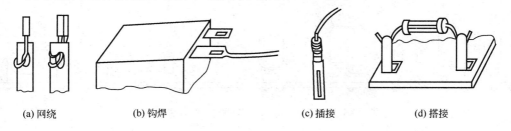

（a）网绕　　　（b）钩焊　　　（c）插接　　　（d）搭接

图3-33 一般结构件焊接前的连接方式

四种连接方式中，网绕较复杂，它的操作步骤如图3-34所示。

b. 焊接步骤。焊接前先清洁烙铁头，可将烙铁头放在松香或石棉毡上摩擦，擦掉烙铁头上的氧化层及污物，并观察烙铁头的温度是否适宜；焊接中，工具安放整齐，电烙铁要拿稳对准，一手拿电烙铁，另一手拿焊锡丝，先放烙铁头于焊点处，随后跟进焊锡，待锡液在焊点四周充分熔开后，快速向上提起烙铁头。每次下焊时间不得超过2s。其具体焊接步骤如图3-35所示。

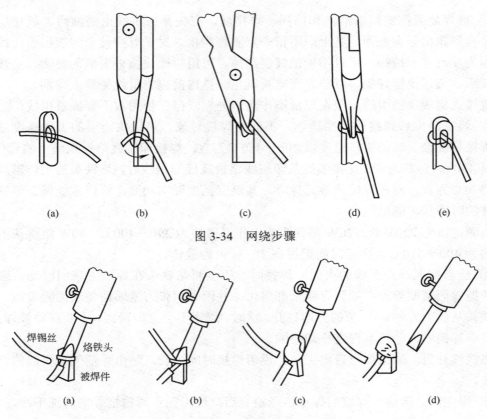

图 3-34　网绕步骤

图 3-35　一般结构焊接步骤

② 印刷线路板的焊接

a. 印刷线路板上焊接件的装置。在印刷线路板上，由于它们自身的条件不同，所以装置的方法也各不相同。一般被焊件的装置方法如图 3-36 所示。

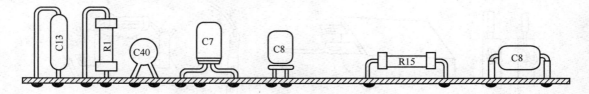

图 3-36　印刷线路板上一般被焊件的装置方法

晶体管的装置方法如图 3-37 所示。

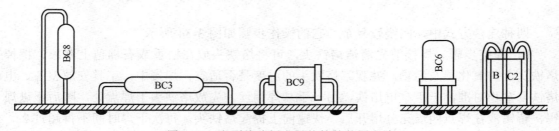

图 3-37　印刷线路板上晶体管的装置方法

b．焊接步骤。将温度合适的烙铁头对准焊点，并在烙铁头上熔化少量的焊锡和松香；在烙铁头上的焊剂尚未挥发完时，烙铁头与焊锡丝先后接触焊接点，开始熔化焊锡丝；在焊锡熔化到适量和焊接点上焊锡充分的情况下，要迅速移开焊锡丝和烙铁头，移开焊锡丝的时间绝不能迟于烙铁头离开的时间，一定要同时完成。

③ 集成电路的焊接

a．集成电路在印刷线路板上的装置方法如图 3-38 所示。

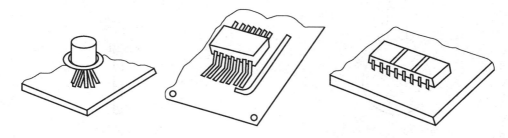

图 3-38  集成电路在印刷线路板上的装置方法

b．焊接步骤。集成电路的接点多而密，焊接时烙铁头应选用尖形的，焊接温度以230℃为宜，焊接时间要短，焊料和焊剂量都应严格控制，只需用烙铁头挂少量焊锡，轻轻在器件引线与接点上点上即可。另外，对所使用的电烙铁应可靠的接地或将电烙铁外壳与印刷线路板用导线连接，也可拔下烙铁的电源插头趁热焊接。

④ 绕组线头的焊接  先清除线头的绝缘层，线头连接后置水平状态再下焊，使锡液充分填满接头上的所有空隙。焊接后的接头焊锡要丰满光滑、无毛刺。

⑤ 桩头接头的焊接  将剥去绝缘层的单芯或多股芯线清除氧化层，并拧紧多股芯线头，再清除接线耳内氧化层，把镀锡后的线头塞入涂有焊剂的接线耳内下焊，焊后的接线耳端口也要丰满光滑。在焊锡未充分凝固时，切不要摇动线头。

## 3.3.4  拆焊

拆焊是焊接的逆操作。在实际操作上，往往拆焊比焊接更困难，因此拆焊元器件或导线时，必须使用恰当的方法和利用必要的工具。

**（1）拆焊工具**

常用的工具除普通电烙铁外，还有如下几种。

① 吸锡器  是用来吸除焊点上存锡的一种工具。它的形式有多种，常用的有球形吸锡器，如图 3-39 所示。利用橡皮囊压缩空气，将热熔化的焊锡通过特殊吸锡嘴吸入球体内，拔出吸锡管就可倒出存锡。还有管式吸锡器，利用抽拉吸锡。

② 排锡管  是使印刷线路板上元器件的引线与焊盘分离的工具，实际上它是一根空心的不锈钢管，如图 3-40 所示。一般可用 16 号注射用针头改制，将头部锉平，尾部装上适当长的手柄，使用时将针孔对准焊盘上元器件引线，待电烙铁熔化焊点后迅速将

针头插入电路板孔内，同时左右旋动，这样元器件与焊盘就分离了。最好准备几种规格做配套使用。

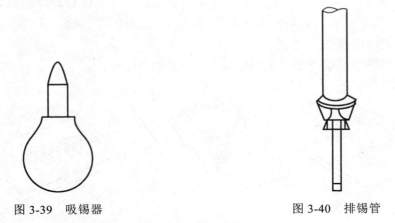

图 3-39　吸锡器　　　　　　　　　　　　　图 3-40　排锡管

③ 吸锡电烙铁　用以加温拆除焊点，同时吸去熔化的焊锡。

④ 钟表镊子　以端头较尖的不锈钢镊子最适用。拆焊时用它来夹住元器件引线，或用镊尖挑起弯脚、线头等。

⑤ 捅针　可用 6～9 号注射用针头改制，也加手柄，将拆焊后的印刷线路板焊盘上被焊锡堵住的孔用电烙铁加温，再用捅针清理小孔，以便重新插入元器件。

**（2）一般焊接点的拆焊方法**

一般焊接点有搭焊、钩焊、插焊和网焊，对于前三种的拆焊比较简单，仅需用烙铁在需拆焊点上加温，熔化焊锡，然后用镊子拆下元器件引线。但拆除网焊接点就比较困难，可在离焊点约 10mm 处将欲拆的元器件引线剪断，然后再与新元器件焊接。

**（3）印刷线路板上装置件的拆焊**

线路板上装置件不同，拆焊方法也不同。

① 分点拆焊法　焊接在印刷线路板上的阻容元件，只有两个焊接点，当水平装置时，两个焊接点之间的距离较大，可先拆除一端焊点的引线，再拆除另一端，最后将元件拔出。

② 集中拆焊法　焊接在印刷线路板上的集成电路、中频变压器等有多个焊接点，像多接点插件、转换开关、三极管等，它们的焊接点之间的距离很近，而且较密集，就采用集中拆焊法：先用电烙铁和吸锡工具逐个将焊接点上的焊锡吸掉，再使用排锡管将元器件引线逐个与焊盘分离，最后将元器件拔下。

总之，拆焊最重要的是加热迅速、精力集中、动作要快。

### 3.3.5　实训要求

① 将单芯铜线立方体焊接成形时，先将焊接点处的氧化层刮去，镀锡，最后把两

个焊接件进行对焊,不搭焊。

② 在自编网格上进行搭焊训练时,焊点要在 60min 内达到 100 点。

③ 在钉有 10×10 等距源结点铁钉的木框上用 $\phi$ 0.5mm 的细铜线编制成网格,如图 3-41 所示,然后在交叉结点上进行搭焊。

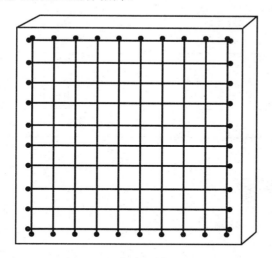

图 3-41 自编网格的形状

④ 在废旧印刷线路板上插焊阻容元件(平放)20 个,经检查后,再进行拆焊,并检查焊孔和元件端子。先要刮去元件端子的氧化层,镀锡,按确定的长短折弯端子,插入焊孔进行焊接。焊接后元件面的元件要平齐,焊接面的焊点要均匀。拆焊时要注意焊接面的铜皮不能翘起。

⑤ 在有集成电路插孔的废旧印刷线路板上,插焊废旧集成电路元件 5 块,经检查后,再进行拆焊,并检查焊孔和元件端子。首先要将直排式集成元件插入对应的焊孔,按焊接步骤进行操作,焊接完成经检查后再拆焊,最后检查焊孔和元件端子。

 **实训记录**

① 一般结构的焊接种类有_____,_____,
_____,_____。

焊接要点:_____,
_____,
_____。

② 印刷线路板的焊接要点:_____,
_____,
_____。

③ 集成电路的焊接要点:_____,
_____,

④ 将完成的焊接情况填入任务记录表（见表3-7）。

表3-7 记录表

| 焊接名称 | 焊点个数 | 焊接时间 | 焊点质量 | 拆焊时间 | 拆焊质量 |
|---|---|---|---|---|---|
| 对焊 | | | | | |
| 搭焊 | | | | | |
| 阻容元件插焊 | | | | | |
| 集成电路焊接 | | | | | |

 **实训成绩评定**

表3-8所示为实训成绩评定表。

表3-8 实训成绩评定表

| 项目 | 技术要求 | 配分 | 扣分标准 | 得分 |
|---|---|---|---|---|
| 电烙铁的使用 | 规范使用；<br>正确选择 | 20分 | 不会电烙铁握法 每次扣5分；<br>使用不规范 扣5分；<br>不能正确选择 扣10分 | |
| 焊剂焊料的使用 | 正确选择规格；<br>合理掌握用量；<br>准确操作方法 | 20分 | 不会选择 每次扣5分；<br>用量掌握不当 每次扣5分；<br>使用不规范 每次扣10分；<br>操作不准确 每次扣10分 | |
| 一般结构的焊接 | 掌握钩焊、搭焊、插焊和网焊的工艺要领；<br>焊点光滑且牢固，无毛刺和夹生焊；<br>焊接处整洁，无焊剂脏物和焊料堆积 | 20分 | 不掌握焊接工艺要领 每项扣10分；<br>夹生焊点 每个扣5分；<br>毛刺焊点、脏焊点 每个扣2分；<br>焊料堆积的焊点 每个扣2分 | |
| 电子元件及集成块焊接 | 掌握焊接的工艺要领；<br>焊点光滑牢固，无虚焊和假焊；<br>焊接处整洁，无焊剂脏物和焊料堆积 | 20分 | 不掌握焊接工艺要领 每项扣10分；<br>虚焊、假焊点 每个扣5分；<br>毛刺焊点、脏焊点 每个扣2分；<br>焊料堆积的焊点 每个扣2分 | |
| 拆焊 | 限时拆焊，保证元件不损坏；<br>拆焊后铜皮不能翘起；<br>焊孔不能堵塞，焊接面平整；<br>拆焊动作规范，要领得当 | 20分 | 因拆焊引起铜皮翘起 每处扣10分；<br>焊孔堵塞 每个扣2分；<br>拆焊每超时5min 扣2分；<br>拆焊要领不当 每次扣5分；<br>动作不规范 每次扣5分 | |
| 安全文明操作 | | 违反安全操作、损坏工具或仪表 扣20~50分 | | |
| 考评形式 | 时限成果型 | 教师签字 | 总分 | |

# 任务 4　常用电器认识

## 任务能力目标

- 认知常用低压电器
- 认知常用光源、电机
- 了解常用电器的工作原理及用途

### 3.4.1　常用低压电器

在生产过程自动化装置中，大多采用电动机拖动各种生产机械，这种拖动的形式称为电力拖动。为提高生产效率，就必须在生产过程中对电动机进行自动控制，即控制电动机的启动、正反转、调速以及制动等。实现控制的手段较多，在先进的自控装置中采用可编程控制器、单片机、变频器及计算机控制系统，但使用更广的仍是按钮、接触器、继电器组成的继电接触控制电路。低压电器通常是指在额定电压交流 1.2kV 或直流 1.5kV 及以下的电路中起保护，控制调节、转换和通断作用的基础电器元件。

**（1）低压电器的分类**

低压电器根据它在电气线路中所处的地位和作用，通常按 3 种方式分类。

① 按低压电器的作用分类

a．控制电器。这类电器主要用于电力传动系统中。主要有启动器、接触器、控制继电器、控制器、主令电器、电阻器、变阻器、电压调整器及电磁铁等。

b．配电电器。这类电器主要用于低压配电系统和动力设备中，主要有刀开关和转换开关、熔断器、断路器等。

② 按低压电器的动作方式分类

a．手控电器。这类电器是指依靠人力直接操作来进行切换等动作的电器，如刀开关、负荷开关、按钮、转换开关等。

b．自控电器。这类电器是指按本身参数（如电流、电压、时间、速度等）的变化或外来信号变化而自动进行工作的电器，如各种形式的接触器、继电器等。

③ 按低压电器有、无触点分类

a．有触点电器。前述各种电器都是有触点的，由有触点的电器组成的控制电路又称为继电—接触控制电路。

b．无触点电器。用晶体管或晶闸管做成的无触点开关、无触点逻辑元件等属于无触点电器。

**（2）低压电器的型号及识别**

低压电器的命名一般由 3 部分组成：基本型号、基本规格、辅助规格。每部分又分别用数字或字母来表示不同的要求和使用的范围，其具体的表示形式和代表意义如下：

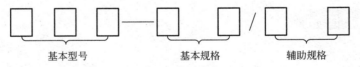

① 基本型号　一般由三位组成。第一位为类组号，用汉语拼音字母表示，最多限用 3 个字母。第二位为设计序号，用数字表示，个数不限（若两个及两个以上的数字，首位数字为"9"表示船用电器；"8"表示防爆用电器；"7"表示纺织用电器；"6"表示农用电器；"5"表示化工用电器）。第三位为特殊派生代号，用汉语拼音字母表示，最好只用一个，它表示全系列在特殊情况下变化的特征（如"L"表示带漏电保护），一般不用。

② 基本规格　一般为两位。第一位为基本规格代号，用数字表示，个数不限；第二位为通用派生号，用汉字拼音字母表示，最好只用一个。

③ 辅助规格　一般由两位组成。第一位为辅助规格代号，用数字表示，个数不限；第二位为特殊环境条件派生号，用汉语拼音字母表示。

例如：型号 DZ15-40/3902 的低压电器。

类组代号："DZ"表示塑料外壳式断路器；设计代号："15"；基本规格代号："40"表示额定电流为 40A；辅助规格代号："3902"第一位数字"3"表示三极，第二、三位数字"90"表示脱扣方式为电磁液压脱扣，第四位数字"2"表示用途为保护电动机用。

选择低压电器时应遵循安全及经济两项原则，保证准确、可靠的工作，符合防护和绝缘标准的要求，以防止造成人身伤亡事故和电气设备的损坏。

**（3）熔断器**

熔断器俗称保险盒，在低压配电线路中主要起短路保护作用。由熔体（或熔丝）和放置熔体的绝缘底座（或绝缘管）组成，其熔体用低熔点的金属丝或金属薄片制成。熔断器串联在被保护电路中，当发生短路或严重过载时，熔体因电流过大而过热熔断，自行切断电路，达到保护的目的。熔体在熔断时产生强烈的电弧并向四周飞溅，因而通常把熔体装在壳体内，并采取其他措施（如壳体内填充石英砂）以快速熄灭电弧。常见的熔断器有以下几种。

① 瓷插式熔断器　其外形结构及符号如图 3-42 所示，这是一种最简单的熔断器。常见的为 RC1A 系列。

② 螺旋式熔断器　其外形和结构如图 3-43 所示，是由熔管及支持件（瓷制底座、带螺纹的瓷帽和瓷套）所组成。熔管内装有熔丝并充以石英砂。熔体熔断后，带色标的指示头弹出，便于发现更换。目前国内统一设计的螺旋式熔断器有 RL6、RL7、RLS2 等系列。

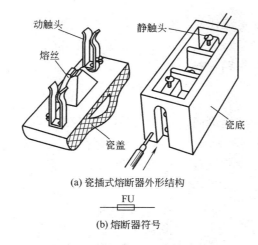

(a) 瓷插式熔断器外形结构

(b) 熔断器符号

图 3-42　熔断器外形结构及符号

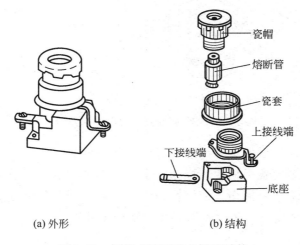

(a) 外形　　　　　　　(b) 结构

图 3-43　螺旋式熔断器外形和结构

③ 无填料封闭管式熔断器　如图 3-44 所示,主要由熔断管、夹座、底座等部分组成。在使用时应按要求选择熔断器,熔断器的额定电流应等于或大于熔体的额定电流,其额定电压必须不低于线路的额定电压。熔体的额定电流过大,当线路发生短路或故障时熔体不能很快熔断,失去保护作用;过小则频繁熔断。

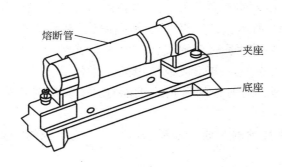

图 3-44　无填料封闭管式熔断器

对电炉、照明等负载电流比较平稳的电气熔体额定电流应大于或等于负载的额定电流；对一台电动机负载的短路保护，熔体的额定电流 $I_{RN}$ 应等于 1.5～2.5 倍电动机额定电流 $I_N$；对多台电动机的短路保护，熔体的额定电流应满足 $I_{RN}=(1.5～2.5)I_{Nmax}+\sum I_N$。

**（4）刀开关**

普通的刀开关是一种结构最简单且应用最广泛的低压电器，常用的有以下几种。

① 闸刀开关　瓷底胶盖刀开关又称开启式负荷开关，它由刀开关和熔断器组成，均装在瓷底板上，按刀极数可分为二极和三极两种。如图 3-45 所示是 HK 系列刀开关的结构及符号。

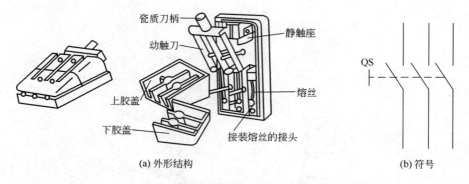

(a) 外形结构　　　　　　　　　　　(b) 符号

图 3-45　HK 瓷底胶盖刀开关结构及符号

刀开关装在上部，由进线座和静触座组成。熔断器装在下部，由出线座、熔丝和动触刀组成。动触刀上装有瓷手柄便于操作，上下两部分的两个胶盖用紧固螺钉固定，胶盖将开关零件罩住以防止电弧伤人或触及带电体。这种开关不易分断有负载的电路，但由于其结构简单、价格便宜，在一般的照明电路和 1.5kW 以下小功率电动机的控制电路中使用。

应当注意以下事项。

a．安装时，应使合闸时向上推闸刀，如若两部分上下装倒，闸刀就容易因震动或重力的作用跌落而误合闸。

b．电源线应接在上部进线座上，负载线接在下部动触刀上。这样，当断开电源时，裸露在外的动触刀和下部熔丝均不带电，以确保维修设备和更换熔丝时的安全。

② 铁壳开关　又称封闭式负荷开关。主要由刀开关、瓷插式熔断器、操作机构和铁壳等组成，如图 3-46 所示。在铁壳开关的手柄转轴和底座之间装有一个速断弹簧，用钩子扣在转轴上。当扳动手柄分闸或合闸时，弹簧力会使闸刀的 U 形双刀片快速从夹座拉开或迅速嵌入夹座，电弧被很快熄灭。为保证安全，开关上装有连锁装置，当箱盖打开时不能合闸；闸刀合闸后箱盖不能打开。安装时铁壳应可靠接地，以防因漏电引起操作者触电。

铁壳开关常用于不频繁的接通、分断电路，可作为电源的隔离开关，也可用来直接启动小功率电动机。

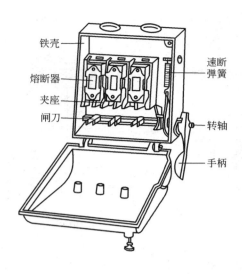

图 3-46　铁壳开关

③ 转换开关　又称组合开关，实际也是一种特殊的刀开关。图 3-47 所示为 HZ10-10/3 型转换开关的外形结构及符号。它是用动触片向左、右旋转来代替闸刀的推合和拉开，结构较为紧凑。通常是不带负荷操作的，以防止触点因电流过大产生电弧。在机床上作电源的引入开关时，标牌一般注明"有负荷不准断电"字样。

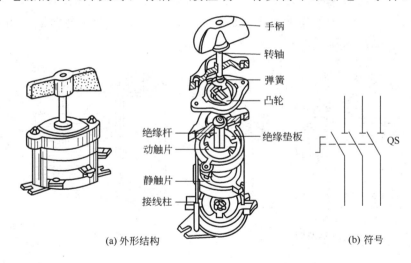

(a) 外形结构　　　　　　　　　　　(b) 符号

图 3-47　HZ10-10/3 型转换开关

## （5）按钮

按钮是一种结构简单、应用非常广泛的主令电器，一般情况下它不直接控制主电路的通断，而在控制电路中发出手动"指令"来控制接触器、继电器等电路，再由它们去控制主电路。按钮触头允许通过的电流很小，一般不超过 5A。按钮一般由常开（动合）、常闭（动断）触头复合而成，如图 3-48 所示。使用中按其结构和功能不同可分为停止按钮、启动按钮和复合按钮。

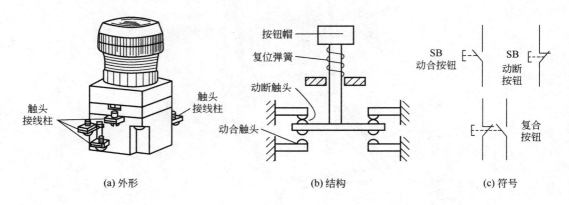

图 3-48　按钮的外形结构、图形及文字符号

### （6）低压断路器

低压断路器是一种具有多种保护功能的保护电器，同时又具有开关功能，故又叫做自动空气开关。

常用作线路的主开关，图 3-49 所示为低压断路器的结构原理、外形和符号。它既能在正常情况下手动切断电路，又能在发生短路故障时（过流脱扣器动作）自动切断电路。当主电路欠压时，欠电压脱扣器动作亦能自动切断电路。故低压断路器可用来分断和接通电路以及作为电气设备的过载、短路及欠压保护。

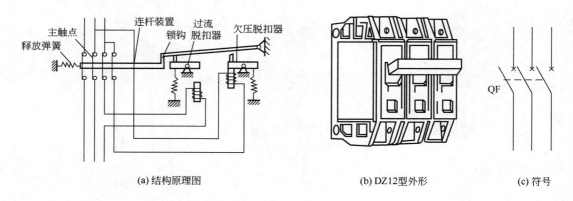

图 3-49　低压断路器的结构原理和外形及符号

### （7）交流接触器

接触器是一种电器开关，它通过电磁力作用下的吸合和反力弹簧作用下的释放使触头闭合和分断，导致电路的接通和断开。

交流接触器的主要结构由电磁系统、触头系统、灭弧室及其他部分组成。图 3-50 所示为 CJ20 系列交流接触器的外形及结构原理。当电磁铁线圈未通电时，处于断开状态的触头称为常开触头，处于接通状态的触头称为常闭触头。当电磁铁线圈通电后，电磁铁的电磁吸力使动铁芯（衔铁）吸合，带动各常开触头闭合，各常闭触头断开。三对常开的主触头用于控制主电路中的电动机负载，还有两对常开和常闭辅助触头，可用于通断控制回路中的电器元件。

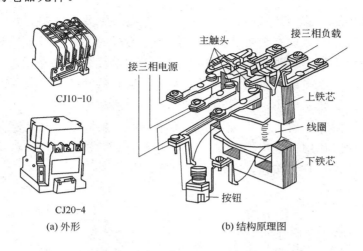

图 3-50　CJ20 交流接触器的结构原理

　　机床设备中广泛使用的交流接触器有 CJ0 系列、CJ10 系列、CJ12 系列等。接触器与按钮配合来接通和断开电动机的主电路，完成自动控制任务，且具有失压和欠压保护作用。能远距离控制，且控制容量大，能频繁接通和切断电路，在自动控制系统中应用非常广泛。但交流接触器存在噪声大，较易出故障的缺点。

　　接触器的电气图形符号和文字符号如表 3-9 所示。

表 3-9　接触器的电气图形符号和文字符号

| 名　称 | 线圈 | （常开）主触头 | 常开辅助触头 | 常闭辅助触头 |
| --- | --- | --- | --- | --- |
| 符号 | KM | KM | KM　　KM | KM　　KM |

　　选择接触器时应注意以下几点。

　　① 接触器铭牌上的额定电压是指触头的额定电压。选用接触器时，主触头所控制的电压应小于或等于它的额定电压。

　　② 接触器铭牌上的额定电流是指主触头的额定电流。选用时，主触头额定电流应大于电动机的额定电流。

　　③ 同一系列、同一容量的接触器，其线圈的额定电压有好几种规格，应使接触器吸引线圈的额定电压等于控制回路的电压。

**（8）热继电器**

继电器是根据某种输入物理量的变化，来接通和分断控制电路的电器。常用的继电器有热继电器、中间继电器、电流继电器、电压继电器、时间继电器、速度继电器以及压力继电器等。

热继电器是利用电流的热效应而动作的保护电器，主要由发热元件、双金属片、动作机构、触头系统、整定调整装置和温度补偿元件等组成，具有过载保护作用。

热继电器外形、动作原理和符号如图3-51所示，热元件串联在主电路中，常闭触头串联在控制电路中，当电动机过载、电流过大时，热元件发热量增大，经一定时间后使双金属片（上层热膨胀系数小、下层热膨胀大）因受热向上弯曲，与扣扳脱离，扣扳受弹簧拉力作用带动绝缘牵引板，将接入控制电路中的触头断开，从而断开主电路，起到对电动机的过载保护作用。继电器动作后，一般不能立即自动复位，待电流恢复正常、双金属片复原后，再按复位按钮，使触头回到闭合状态。

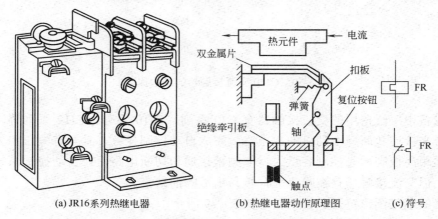

(a) JR16系列热继电器　　　(b) 热继电器动作原理图　　　(c) 符号

图 3-51　热继电器外形、动作原理和图形及文字符号

## 3.4.2　交流电动机

**（1）电动机分类**

电动机是根据电磁感应原理，把电能转换为机械能，输出机械转矩的旋转电器。按其结构特点、特性及其使用电流的种类分类如下：

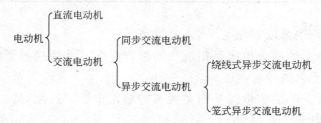

三相交流异步电动机由于结构简单，坚固耐用，使用、维护方便，而且价格低廉，在生产实践中得到广泛的使用。三相电动机主要由定子和转子两个基本部分组成，如图3-52所示为三相笼式异步电动机的结构。

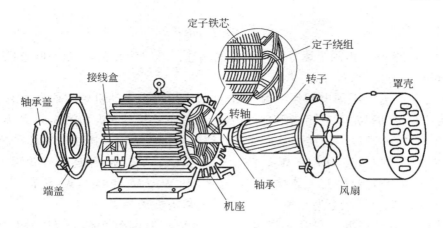

图 3-52　三相笼式异步电动机的结构

定子中的三相定子绕组通过三相交流电时，在定子与转子之间的气隙中会形成一个旋转磁场的效应，从而使转子转动。

**（2）三相异步电动机的铭牌和技术数据**

每一台电机外壳上都有一块铭牌，其作用是向使用者简要说明这台设备的一些额定数据和使用方法，因此看懂铭牌，按照铭牌的规定去使用设备，是正确使用这台设备的先决条件。如一台三相异步电动机铭牌主要数据如下：

| 三相异步电动机 | | |
|---|---|---|
| 型号 Y132S2-2 | 功率 7.5kW | 频率 50Hz |
| 电压 380V | 电流 15.0A | 接法△ |
| 转速 2900r/min | B 级绝缘 | 工作制 SI |
| 年　月　编号 | | ××电机厂 |

① 型号　对产品名称、规格、形式等的叙述而引用的一种代号，由汉语拼音字母、国际通用符号和阿拉伯数字三部分组成。如，Y132S2-2，产品代号中 Y 表示三相异步电动机（T 表示同步电动机），132 表示中心高 132mm，S 表示短机座（M 表示中机座，L 表示长机座）；-2 表示二极。

各类型电机的主要产品代号及意义还有，YR 表示绕线型、YQ 表示高启动转矩、YD 表示多速、YB 表示防爆型异步电动机。

② 额定功率 $P_N$　指电动机在额定状况下运行时，转子轴上输出的机械功率，单位为 kW。如上例电机额定功率为 7.5kW。

③ 额定电压 $U_N$　指电动机在额定运行情况下，三相定子绕组应接的线电压值，单位为 V。如上例电机额定电压为 380V。

④ 额定电流 $I_N$　指电动机在额定运行情况下，三相定子绕组的线电流值，单位为 A。如上例电机额定电流 15.0A。

三相异步电动机额定功率、电流、电压之间的关系为：

$$P_N = \sqrt{3} U_N I_N \cos\phi_N$$

⑤ 额定转速 $n_N$   指额定运行时电动机的转速，单位为 r/min。如上例电机额定转速为 2900r/min。

⑥ 额定频率 $f_N$   中国电网频率为 50Hz，故国内异步电动机频率均为 50Hz。

⑦ 接法   电动机定子三相绕组有Y形连接和△形连接两种，如图 3-53 所示。Y 系列电动机功率在 4kW 及以上均接成△形连接。绕组的接线标志是接线盒下排左起为首端：$U_1$、$V_1$、$W_1$，上排左起为末端：$W_2$、$U_2$、$V_2$。当 $U_2$、$V_2$、$W_2$ 用连接片并联在一起时，电动机定子绕组为星形（Y形）连接方式；当 $U_1$ 和 $W_2$，$V_1$ 和 $U_2$，$W_1$ 和 $V_2$ 用连接片分别连接后，电动机定子绕组为三角形（△形）连接方式。

⑧ 温升及绝缘等级   温升是指电机运行时绕组温度允许高出周围环境温度的数值。但允许温升的多少由该电机绕组所用绝缘材料的耐热程度决定，绝缘材料的耐热程度称为绝缘等级。不同绝缘材料，其最高允许温升是不同的。中小电动机常用的绝缘材料如表 3-10 所示五个等级，允许温升值是按环境温度 40℃ 计算出来的，称为额定温升。

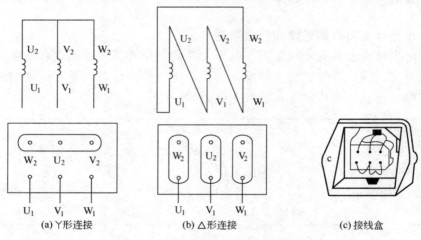

(a) Y形连接          (b) △形连接          (c) 接线盒

图 3-53   三相异步电动机的接线

表 3-10   绝缘材料的绝缘等级与额定温升

| 绝缘等级 | A | E | B | F | H |
| --- | --- | --- | --- | --- | --- |
| 允许温升/℃ | 65 | 80 | 90 | 110 | 140 |

⑨ 工作方式   为了适应不同的负载需要，按负载持续时间的不同，国家标准把电动机分成了三种工作方式：连续工作制、短时工作制和断续周期工作制。

除上述铭牌数据外，还可由产品目录或电工手册中查得各种型号电动机的其他一些技术数据，如效率、功率因数、启动能力（启动转矩与额定转矩的比值）、过载能力（最大转矩与额定转矩的比值）等。

### （3）三相异步电动机的选择

合理选择电动机，直接关系到生产机械的安全运行和投资效益。电动机的选择内容包括电动机的类型、形式、额定电压、额定转速、额定功率等，其中选择额定功率最重要。三相异步电动机的选择原则主要有以下几方面。

① 电动机功率选择　选择功率的原则是在满足生产机械负载要求前提下，最经济合理地确定所选电动机的功率。若功率过大（犹如大马拉小车），则容量不能完全利用，长期轻载运行，效率低，运行费用高，另外投资也大；若功率过小，则长期过载运行，电机温升高，绝缘老化，使用寿命短。因此要慎重、正确、合理选择电动机的功率。正确选择电动机的功率应满足以下3个条件。

a. 工作时间内，电动机温升最高应等于和略低于额定温升。电动机所拖动的生产机械负载情况是多种多样的，通常情况将它分为恒定负载和变化负载两类，从发热观点，把它们分别归算到连续工作制、短时工作制或断续周期工作制3种类型中去，这样就可按不同类型（即工作方式）进行选择。对连续运行的生产机械，只要所选电动机的额定功率等于和略大于生产机械所需的功率，就能满足这一条件。对短时或断续工作的生产机械，应选专用短时工作制或断续周期工作制的电动机，也可在不超过额定温升、适当降低电动机额定功率的前提下，选用连续工作制的电动机。

b. 电动机应有足够的过载能力。生产机械在正常条件下工作，也可能会出现短时间的过载（过载冲击），电动机应能保证拖动机械继续运行，生产不致中断。

c. 选笼式异步电动机应保证具有一定的启动能力。即启动转矩大于机械的静止反抗力矩，否则电动机不能启动。

② 电动机结构形式的选择　为防止电动机被周围介质所损坏，或因电动机本身的故障引起灾害，必须根据具体的环境选择适当的防护形式。电动机就其外壳的结构而言可分为以下4种。

a. 开启式。绕组和旋转部分没有特别的遮盖装置，通风良好，造价较低。只适用于干燥、清洁和无腐蚀性气体的环境。

b. 防护式。外壳能防铁屑、水滴等杂物落入电动机内部，使电动机内部不易受损伤，而又不显著地妨碍通风散热。适用于较干燥、灰尘不多、无腐蚀性、爆炸性气体场合。

c. 封闭式。外壳全部封闭，内部与外部隔离。为改善散热条件，机壳装有散热片，且有风扇吹风冷却。结构复杂、造价比较高。适用于多尘、水土飞溅场合。

d. 防爆式。适用于有易燃、易爆气体的危险环境。具有坚固的封闭外壳，即使爆炸性气体侵入机内因电火花而引起爆炸时，也不致把爆炸产生的火花和大量热量传到机壳外部的爆炸性气体中，可防止事故扩大。

在选择电动机时还得考虑它是否应用于特殊环境（如高原、户外、湿热等）。

③ 电动机类型的选择　可根据生产机械的要求选择笼形电动机或是绕线形电动机。如生产机械是不带负载启动的（风机、水泵、一般机床等），通常采用 Y 系列笼型异步电动机。如要带一定负载启动，可采用高启动转矩电机（YQ 系列）。如启动、制动频繁，又要启动转矩大的设备（起重机械、轧钢机等），可选用绕线型异步电动机。

④ 电压的选择　电动机电压的选择，主要取决于电动机运行场地供电网的电压等级，另还需考虑电动机类型和功率。一般车间等低压电网均是 380V，因此中、小容量的 Y 系列电动机额定电压均为 380V，只有大功率异步电动机才采用 3kV 或 6kV 的高压电动机。

⑤ 转速的选择　电动机额定转速是根据生产机械的要求选定，同时还需考虑机械减速机构的传动比。通常电动机转速不低于 500r/min，因为当容量一定时，转速越低，电动机的尺寸越大，价格越贵，且效率也低。反过来，若选用高速电动机，虽然效率提高了，但势必要加大机械减速机构的传动比，使传动机构变复杂。

### 3.4.3　常用光源

生产和生活的各个领域中广泛采用电气照明，不同场合对电气照明的要求不同。电气照明按照明部位可分为一般、局部和混合照明，按种类和作用可分为正常、事故、值班、警卫和障碍照明等。人们日常生活所需要的照明属于一般照明，它对照度要求不高，能比较均匀地照亮周围环境即可。人们在工作时所需的照明大多要求有足够的照度，应视照明的部位及光源与被照物之间的距离情况选用不同光通量的光源。

作为负载的常用光源有热辐射光源（白炽灯、碘钨灯等）和气体放电光源（荧光灯、荧光高压汞灯等）。

**（1）热辐射光源**

这类电光源是基于电流的热效应原理而发光的，当电流通过灯丝时，将灯丝加热到白炽（此时灯丝温度为 2400～3000K）状态而发光。

① 白炽灯　白炽灯具有体积小、结构简单、造价低廉、使用方便（不需要其他附件、受环境影响小）、光色优良和显色好等优点，是各种艺术彩灯、壁灯和装饰照明器具的良好光源之一，但是由于白炽灯自电源取用的电能中只有 10%左右转变为可见光，故它的发光效率很低，一般为 7.1～17lm/W［以人眼对光的主观感觉为基准来衡量单位时间内光源向周围空间辐射并引起光感的能量，称为光通量，单位是 lm（流明）］。

白炽灯主要由灯头、灯丝和玻璃泡等组成。白炽灯的构造如图 3-54 所示。白炽灯的灯丝对于白炽灯的工作性能具有极其重要的影响，它由高熔点、低蒸发率的金属钨制成。一般 40W 及以下的白炽灯泡只将泡内抽成真空，而 60W 及以上的灯泡除了将泡内抽成真空外，还在泡内充入一定量的惰性气体氩或其他气体（如氮气），用以抑制钨金属的蒸发，延长白炽灯的使用寿命。

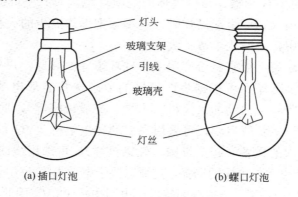

(a) 插口灯泡　　　　　　　　　　　(b) 螺口灯泡

图 3-54　白炽灯的构造

图 3-55 所示为装饰灯泡外形图。

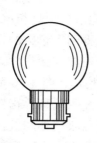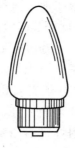

图 3-55　装饰灯泡外形

白炽灯在使用中应按照额定电压接入电源（电源电压波动应不大于±5%），否则会影响发光效率和灯的使用寿命。白炽灯在正常工作时表面温度较高，如 60W 的白炽灯在正常工作时的表面温度约为 110℃，使用时应注意环境对灯的要求。白炽灯常见故障与处理方法如表 3-11 所示。

表 3-11　白炽灯常见故障与处理方法

| 故障现象 | 造成原因 | 处理方法 |
|---|---|---|
| 灯泡不亮 | a. 灯泡灯丝已断或灯座引线中断；<br>b. 灯座、开关处接线松动或接触不良；<br>c. 线路断路或灯座线绝缘损坏有短路；<br>d. 电源熔丝烧断 | a. 更换灯泡或灯座引线；<br>b. 查明原因，加以紧固；<br>c. 检查线路，在断路或短路处重接或更换新线；<br>d. 检查熔丝烧断的原因并重新更换 |
| 灯泡忽亮忽暗或忽亮忽熄 | a. 灯座、开关处接线松动；<br>b. 熔丝接触不良；<br>c. 灯泡与灯丝内电极忽接忽离；<br>d. 电源电压不正常或附近有大电机或电炉接入电源而引起电压波动；<br>e. 电源电压不稳定 | a、b. 查明原因，加以紧固；<br>c. 更换灯泡；<br>d、e. 采取相应措施 |
| 灯泡发强烈白光 | a. 灯泡断丝后搭丝（短路），因而电阻减小，电流增大；<br>b. 灯泡额定电压与线路电压不符合；<br>c. 电源电压过高（如零线断线，造成零点漂移，使负荷小的一相电压过高） | a、b. 更换灯泡；<br>c. 查明并消除电源电压过高的原因 |
| 灯光暗淡 | a. 灯泡内钨丝蒸发后积聚在玻璃壳内，这是真空灯泡寿命终止的现象；<br>b. 灯泡陈旧，灯丝蒸发后变细，电流变小；<br>c. 电源电压过低；<br>d. 线路因潮湿或绝缘损坏而有漏电现象；<br>e. 灯座、开关接触不良，或导线连接处接触电阻增加 | a、b. 更换灯泡；<br>c. 采取相应措施；<br>d. 检查线路，更换新线；<br>e. 修复接触不良的触点，重新连接导线 |
| 通电后，灯泡立即冒白烟，灯丝烧断 | 灯泡漏气 | 更换灯泡 |
| 灯丝易断 | a. 电源电压太高；<br>b. 开关频繁；<br>c. 灯泡受到严重震动；<br>d. 灯泡质量不佳；<br>e. 安装灯泡时，将灯丝与灯泡头连接处的焊接处碰开，使其处于似接非接状态，灯丝受到断续电压冲击而烧毁 | a. 调低电源电压；<br>b. 尽量减少开关次数；<br>c. 消除震动源，或将灯装于另一地点，避开震源；<br>d. 选购优质灯泡；<br>e. 细心安装灯泡 |

② 卤钨灯　卤钨灯光源是在白炽灯的基础上研究生产出来的一种高效率的热辐射光源。这种光源有效地避免了白炽灯泡在使用过程中，灯丝钨蒸发使灯泡玻璃壳内壁发黑、透光性降低、灯泡发光效率降低的问题。卤钨灯的结构与白炽灯相比有很大的变化，发光效率（10～30lm/W）和使用寿命（1500h 左右）方面得到了很大的提高，光色也具有很明显的改善。实际上，卤钨灯就是在白炽灯泡内充入卤族元素气体。

卤钨灯主要由灯丝、石英玻璃管、灯丝支架和电极等构成，图 3-56 所示为碘钨灯结构图。卤钨灯按充入卤素的不同，可分为碘钨灯、溴钨灯和氟钨灯。卤钨灯是在灯管内充入氮气、氩气和少量卤素气体，利用灯管内的高温，使卤素气体与灯丝蒸发出来的钨化合生成卤化钨并在灯管内扩散，在灯丝周围形成一层钨蒸气云，使钨重新落回灯丝上，有效地防止灯泡的黑化，使灯泡在整个使用期间保持良好的透明度，减少光通量的降低。

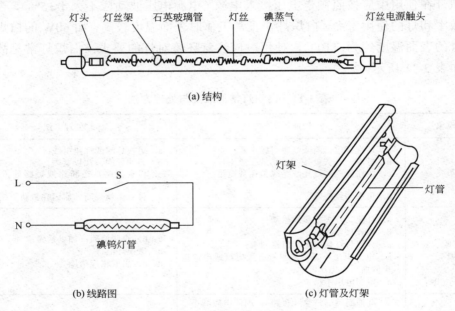

图 3-56　碘钨灯结构

卤钨灯与一般白炽灯比较，其优点是体积小、效率较高、功率集中、便于控制，且灯具尺寸小、制作简单、价格便宜、运输方便。正常工作时，灯管表面温度高达 600℃，故不能与易燃物接近。在安装时必须保持水平倾角不大于 4°。

卤钨灯是新型的光源和热源，适用于体育场、会场、舞台、厂房车间、机场等场所的照明，还可用于烘干加热、取暖，如自行车、汽车、拖拉机等的烘化和纺织、印染等方面的烘干。

### （2）气体放电光源

依靠灯管内部的气体放电发出可见光的电光源称为气体放电光源。常用的气体放电光源有荧光灯、氖灯、钠灯、荧光高压汞灯和金属卤化物灯等。气体放电光源的主要特点是使用寿命长、发光效率高。气体放电光源一般应与相应的附件（如镇流器、启辉器等）配套才能接入电源使用。

①　荧光灯　荧光灯与白炽灯一样，也是电气照明的一种主要电光源。荧光灯是一种热阴极低压汞蒸气放电光源，它具有发光效率高（60lm/W 左右）、使用寿命长（3000h 左右）、光线柔和、发光面大、表面亮度低和显色性好等特点。利用若干只荧光灯管可制成光带、光梁和发光顶棚大面积发光装置。荧光灯在外形上除直线形，还可制成圆形、U 形和反射形，如图 3-57 所示，具有较好的艺术照明效果。另外，通过改变荧光粉，可得到不同颜色的灯管。

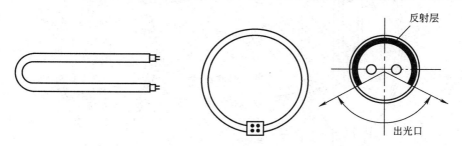

图 3-57　异形荧光灯外形

荧光灯的基本构造和工作原理已在项目 2 中阐述，此处不再赘述。由于正弦交流电的作用，荧光灯的频闪效应十分明显，开关次数影响荧光灯的使用寿命，所以荧光灯不宜在需要频繁开关的地方使用，在照明设计和选用光源时应予注意。荧光灯电源电压的波动要求不超过±5%。荧光灯及其附件在选用时，应按照额定值配套使用，否则将影响灯的正常工作及使用寿命。用于普通照明的荧光灯有日光色、冷白色和暖白色三种。日光色光源接近于自然光，适用于办公室、会议室、教室、图书馆、展览橱窗等场所。冷白色光源的光效较高，光色柔和，适用于商店、医院、饭店、候车室等场所。暖白色与白炽灯光色相近，红光成分多，适用于住宅、宿舍、宾馆的客房等场所。

②　荧光高压汞灯　荧光高压汞灯按构造和材料的不同可分为普通型、反射型、自镇流式和外镇流式等几种。荧光高压汞灯具有发光效率高（50lm/W 左右）、使用寿命长（2000h 左右）和单个光源功率较大而体积小等优点。荧光高压汞灯一般用于街道、公园和车间内外的照明。

荧光高压汞灯（图 3-58）主要由灯头、放电管和玻璃外壳（灯泡）等组成。其主要构成部件是灯内的放电管，它是由耐高温的石英玻璃制成的，内装有主电极和辅助电极，并充有汞。放电管的长度和粗细由该灯的功率大小决定，灯的外壳用硬质硼硅酸盐玻璃制成，外壳与放电管之间抽成真空后充入一定量的氮气。当合上开关之后，首先在辅助电极和主电极（也称工作电极）之间产生辉光放电，使石英玻璃管内的气体游离，在主电极的电场作用下，游离的气体在两个主电极之间产生弧光放电。为限制辅助电极和主电极之间的放电电流，在辅助电极上串联了一个阻值 $R=40\sim60\text{k}\Omega$ 的启动电阻，因为弧光放电电压比辉光放电电压低得多，故辉光放电很快结束，而弧光放电将继续下去。随着弧光放电管内温度增高，汞蒸气气压逐渐升高，大约经过 5～10min，灯泡达到稳定工作状态。由于放电管内的汞蒸气辐射出一种紫外线，在紫外线照射下，外壳内壁上的荧光粉受激而发射出可见光。荧光高压汞灯的光色呈淡蓝绿色。荧光高压汞灯在使用过程中，电源电压波动不宜过大，当电压降低超过5%时灯会自动熄灭。在安装时应尽量将灯泡垂直安装。荧光高压汞灯必须与镇流器配套使用（自镇流式除外），否则会影响灯的使用寿命。自镇流式荧光高压汞灯如图 3-58（b）所示。由于荧光高压汞灯不能瞬时启动，因此不能用于需要迅速点燃的照明场所。

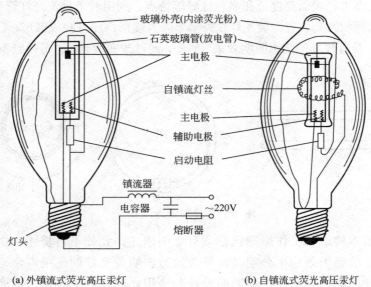

(a) 外镇流式荧光高压汞灯　　　　　　(b) 自镇流式荧光高压汞灯

图 3-58　荧光高压汞灯

③ 高压钠灯　高压钠灯是一种发光效率高（80lm/W 左右）、使用寿命长（2000h 左右）、光色比较好的金白色光源。高压钠灯透雾性较强，适用于街道、飞机场、车站、货场、港口及体育场馆的照明。高压钠灯的基本构造如图 3-59（a）所示，主要由放电管、

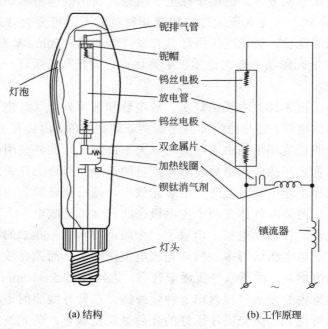

(a) 结构　　　　　　　　　　(b) 工作原理

图 3-59　高压钠灯的基本构造及工作原理图

双金属片和玻璃外壳（灯泡）等组成。放电管是由和钠不起化学作用的、能耐高温的多晶氧化铝半透明陶瓷制作的，管内充有适量的钠、汞和氙等，两端装有钨丝电极。双金属片是由两种膨胀系数不同的金属材料制成的。放电管外是一个由玻璃制作的椭圆形外壳（灯泡），泡内抽成真空。高压钠灯的灯头与普通白炽灯完全相同，可以通用。图 3-59（b）所示为一种常用的高压钠灯工作电路，合上电源开关后，电路两端加上电源电压，电路中的电流通过镇流器、双金属片和加热线圈，加热线圈因受热而使双金属片触点断开，在双金属片断开的一瞬间，镇流器产生一个高压脉冲，使放电管内产生气体放电，灯泡点燃，之后双金属片借助放电管的高温保持常开状态。高压钠灯从点燃到稳定工作约需要 4～8min，在稳定工作时可发出金白色光。

高压钠灯受电源电压的影响较大，电压升高易引起灯泡自行熄灭；电压降低则灯泡发光的光通量减少，光色变暗。高压钠灯的再启动时间较长，一般在 10～20min，故不能用于事故照明或其他需要迅速点亮的场所。高压钠灯不易用于需频繁开启关闭光源的地方。灯泡内的各附件也要按规格与灯泡配套使用，否则影响灯的正常工作和使用寿命。

④ 氙灯　氙灯是一种高压氙气放电光源，其光色接近于太阳光，且具有体积小、功率大、发光效率高等优点，故有"人造小太阳"之美称，广泛用于纺织、陶瓷等工业的照明，也适用于建筑施工工地、广场、车站、港口等需要高照度大面积照明的场所。

管形氙灯由石英玻璃放电管、两个由钍钨制成的环状电极（两个电极置于石英玻璃管的两端）、灯头等构成。管形氙灯的构造及外形如图 3-60 所示。

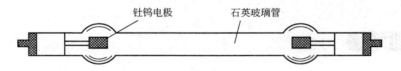

钍钨电极　　　石英玻璃管

图 3-60　管形氙灯的构造及外形

选择使用管形氙灯时应注意：为了得到整个大面积工作面上的均匀照明和避免紫外线伤害，灯的安装高度应不低于 20m，20kW 以上的氙灯不得低于 25m。当电源电压波动超过±5%时，灯极易自行熄灭。灯管的安装要求（如要求水平或垂直安装）要参考使用说明书。氙灯必须与相应的触发器配套使用，但在使用时要防止触发器产生的高压脉冲对工作人员和各种设备的危害。

⑤ 霓虹灯　霓虹灯也是一种气体放电光源，在装有电极的灯管两端加上高电压（4000～15000V），即可从电极发射电子。高速运动的电子激发管内的惰性气体或金属蒸气，使其电离而产生导电离子，从而发光。不同元素激发后发光颜色不同，如氖发红光、氮和钠发黄光、氩发青光，可按需求在管内充以不同元素（氦、氖、氩、氮、钠、汞、镁等非金属或金属元素）气体。若管内充有几种元素气体，则按元素比例可发射不同的复合色光。

因霓虹灯需要专门变压器供给高压电源，故其装置由灯管和变压器两大部分组成。

### 3.4.4 实训要求

**（1）低压电器**

① 要求能识别各种低压电器（熔断器、刀开关、按钮、短路器等）的外形、型号及用途。

② 要求完成熔断器、瓷底胶盖刀开关简单拆装、结构认识，了解用法。

**（2）异步电动机**

① 铭牌认识　要求了解电动机的技术数据及接法、用途。

② 电动机拆装要求

a．拆卸带轮和联轴器。松脱固定螺栓或销子，用拉具（俗名捋子）把它慢慢拉出来。

b．拆除风罩和风扇。

c．拆卸轴承盖和端盖。先拆滚动轴承盖，再拆端盖。

d．抽出转子。

③ 装配要求

a．装端盖前，吹刷一下定子及绕组端部，查看转子表面有无杂物、轴承是否清洁。

b．装盖时用木锤均匀敲打端盖四周，使端盖合上止口。

c．端盖的固定螺钉均匀地交替拧紧，转子要能灵活转动。

d．注意装配部件的清洁。

 **实训记录**

（1）低压电器

① 熔断器型号＿＿＿＿＿＿＿＿＿＿，作用＿＿＿＿＿＿＿＿＿＿＿＿＿＿。

② 刀开关型号＿＿＿＿＿＿＿＿＿＿，作用＿＿＿＿＿＿＿＿＿＿＿＿＿＿。

③ 转换开关型号＿＿＿＿＿＿＿＿，作用＿＿＿＿＿＿＿＿＿＿＿＿＿＿。

④ 按钮型号＿＿＿＿＿＿＿＿＿＿，作用＿＿＿＿＿＿＿＿＿＿＿＿＿＿。

⑤ 接触器型号＿＿＿＿＿＿＿＿，作用＿＿＿＿＿＿＿＿＿＿＿＿＿＿。

⑥ 继电器型号＿＿＿＿＿＿＿＿＿＿，作用＿＿＿＿＿＿＿＿＿＿＿＿＿＿。

（2）电动机铭牌：＿＿＿＿＿＿＿＿＿＿＿＿＿＿＿＿＿＿＿＿＿＿＿＿＿＿＿。

（3）荧光灯的优点＿＿＿＿＿＿＿＿＿＿＿＿＿＿＿＿＿＿＿＿＿＿＿＿＿＿。

缺点＿＿＿＿＿＿＿＿＿＿＿＿＿＿＿＿＿＿＿＿＿＿＿＿＿＿＿＿＿＿＿＿＿＿。

 **实训成绩评定**

表 3-12 所示为实训成绩评定表。

表 3-12　实训成绩评定表

| 项目 | 技术要求 | 配分 | 评分标准 | 得分 |
|---|---|---|---|---|
| 低压电器 | 外形识别；<br>功能用法；<br>电气符号 | 15 分 | 不能识别每一种　扣 5 分；<br>功能用法不熟悉　扣 10 分；<br>不能识别绘制每一种　扣 5 分 | |
| 异步电动机 | 铭牌；<br>技术数据；<br>接线方法 | 15 分 | 不能理解每一项　扣 5 分；<br>不会接线方式　扣 10 分 | |
| 常用光源 | 外形识别；<br>功能用法 | 10 分 | 不能识别每一种　扣 5 分；<br>功能用法不熟悉　扣 10 分 | |
| 拆卸装配 | 拆装步骤正确；<br>工艺熟练；<br>爱护公物器件；<br>操作严谨细致 | 60 分 | （每一种低压电器每次）<br>拆装方法、步骤不正确扣　10 分；<br>遗失零件　扣 5～15 分；<br>损坏元件、不能装配　扣 60 分 | |
| 安全文明操作 | | 违反安全文明生产要求酌情扣分，重者停止实训 | | |
| 考评形式 | 过程型 | 教师签字 | | 总分 | |

# 综合实训

### 项目综述

本项目训练学生对电工知识的综合应用能力。照明线路主要包括电源、连接导线、负载三部分。大容量照明负荷供电一般采用 380／220V 的三相四线制形式；小容量则采用 220V 单相电源。动力线路的敷设分室外高压架空线路（由电杆、横担、绝缘子及导线组成）和室内低压配线（由导线、导线支持物和用电器组成）。低压配线的主要方式有槽板配线、护套线配线、线管配线和绝缘子配线。

任务 5 和任务 6 通过照明电路安装训练，使学生掌握照明及动力线路的基本知识、敷设和检修技术。任务 7～任务 9 通过针对性的实训操练，使学生掌握一般常用电器的整修技能和简单控制电路安装、校验和故障排除的基本技能。

在综合实训环节，要求准备人手一套电工常用工具和万用表，要有实训用的工位（木制墙壁、木制安装板）等。

## 任务 1　配电板和电度表的安装及使用

### 任务能力目标

● 单相有功电度表的安装，住宅照明电路的电计量和配电盘安装
● 常用电工工具的使用

### 4.1.1　实训内容

**（1）按电气原理图及配线安装图在木制安装板上安装线路**

① 单相电度表的工作原理　单相电度表属感应式仪表，由驱动元件（电压线圈、电流线圈）、转动元件（铝盘）、制动元件（制动磁铁）和计数器等元件组成，如图 4-1 所示。接入线路后，电压线圈与负载并联，电流线圈与负载串联，线圈载流回路产生的

磁通与这些磁通在铝盘上感应出的电流相互作用，产生转动力矩，同时制动磁铁与转动的铝盘也相互作用，产生制动力矩。当两力矩平衡时，铝盘以稳定的速度转动，从而带动计数器完成负载的耗电计量。

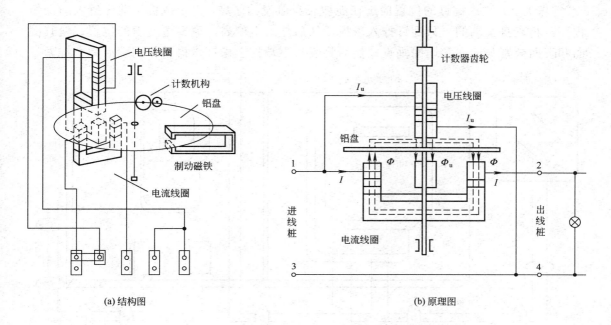

(a) 结构图　　　　　　　　　　　　　　　(b) 原理图

图 4-1　单相感应式电度表

② 电度表接线方式　单相有四个接线柱，自左向右按 1、2、3、4 编号，有两种接线方式，一种是中国标准产品用的跳入式接线方式：1、3 接进线（电源线路），2、4 接出线（负载线路）；另一种是顺入式接线方式：1、2 接进线，3、4 接出线，如图 4-2 所示。辨认电度表接线方式的一种方法是根据电度表接线盒盖板背面或说明书中的接线原理图确定，另一种方法是用万用表 $R \times 100$ 挡测电度表 1、2 接线柱间的阻值，阻值较小（表针略偏离"0"位），则 1、3 是进线端；若阻值较大（约 $1000\Omega$），则 1、2 为进线端。

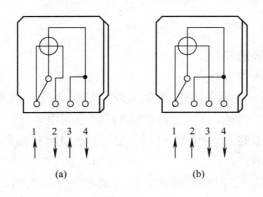

图 4-2　电度表接线方式

**（2）单相电度表安装**

按照单相电度表的配线安装线路图安装线路，如图 4-3 所示。

① 电度表的表身固定　用三只螺钉以三角分布的方位，将木制表板固定在实验台（或墙壁）上，注意螺钉的位置应选在能被表身盖没的区域，以形成拆板前先拆表的操作程序。将表身上端的一只螺钉拧入表板，然后挂上电度表，调整电度表的位置，使其侧面和表面分别与墙面和地面垂直，然后将表身下端拧上螺钉，再稍作调整后完全拧紧。

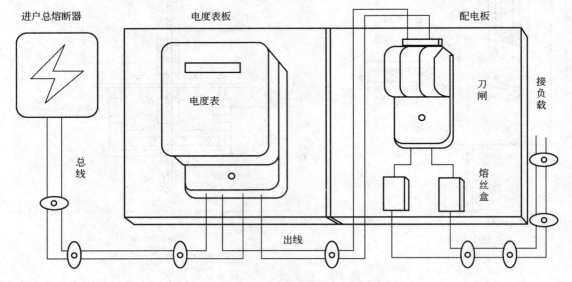

图 4-3　单相电度表的瓷夹板配线安装线路图

② 电度表总线的连接　电度表总线是指从进户总熔断器盒至电度表这段导线，应满足以下技术要求：总线应采用截面不小于 1.5mm² 的铜芯硬导线，必须明敷在表的左侧，且线路中不准有接头。进户总熔断器盒的主要作用是电度表后各级保护装置失效时，能有效地切断电源，防止故障扩大。它由熔断器、接线桥和封闭盒组成。接线时，中线接接线桥，相线接熔断器。

③ 电度表出线的连接　电度表的出线敷设在表的右侧（其他要求与总线相同），与配电板相连。总配电板由总开关和总熔丝组成，主要作用是在电路发生故障或维修时能有效地切断电源。

**（3）三相有功电度表的安装**

三相电能的测量有两类方法。

① 单相电度表测量　对称三相四线制电路（照明电路一般不对称），可以用一个单相电度表测任意一相所耗电能，然后乘以 3 即可得三相电能。

不对称三相四线制电路，可用 3 个单相电度表分别测三相各自所耗电能，三个电度表读数之和就是三相总电能。

② 三相电度表测量　三相电度表的接线方式如图 4-4 所示，其中图 4-4（a）为二元件电度表接线，图 4-4（b）为三元件电度表的接线。三相电度表的安装要求基本和单相

电度表要求一样。

### （4）检查线路、通电试验

把电度表线路接上适当的单相负载（如白炽灯箱），再接上220V单相交流电源，检查整个线路，确认无误后合闸通电，观察电度表的工作情况。

① 改变负载的大小，观察铝盘转速情况。

② 改变电度表的倾斜角度，观察铝盘转速情况。

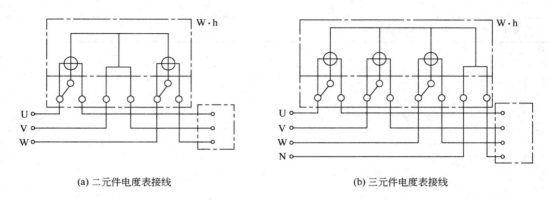

(a) 二元件电度表接线          (b) 三元件电度表接线

图 4-4 三相电度表的接线

## 4.1.2 操作要点

① 选用电度表的额定电流应大于室内所有用电器的总额定电流。

② 电度表接线的基本方法为：电压线圈与负载并联、电流线圈与负载串联。

③ 电度表本身应装得平直，纵横方向均不应发生倾斜。

④ 电度表总线在左，出线在右，不得装反，不得穿入同一管内。

⑤ 刀开关不许倒装。

⑥ 电表的连接线不能用软线，应用单股硬铜或铝导线。

⑦ 连接线均用瓷夹板固定。

 **实训成绩评定**

表4-1所示为实训成绩评定表。

表4-1 实训成绩评定表

| 项目 | 技术要求 | 配分 | 扣分标准 | 得分 |
|---|---|---|---|---|
| 原理 | 电度表接线原理正确 | 20 | 电度表接线原理不正确　扣0～20分 | |
| 布局 | 线路布局合理 | 10 | 线路布局不合理　扣0～10分 | |

| 项目 | 技术要求 | 配分 | 扣分标准 | 得分 |
|---|---|---|---|---|
| 安装 | 电度表固定牢固、平直;<br>总线、出线安装符合要求;<br>进户总熔丝盒接线正确;<br>配电盘安装符合要求;<br>电源、负载安装合理 | 20<br>20<br>10<br>10<br>10 | 电度表固定不牢固、平直　扣 0~20 分;<br>总线出线安装不符合要求　扣 0~20 分;<br>进户总熔丝盒接线不正确　扣 10 分;<br>配电盘安装不符合要求　扣 10 分;<br>电源、负载安装不合理　扣 10 分 | |
| 其他 | 安全文明操作<br>出勤 | | 违反安全文明操作、损坏工具仪器、缺勤<br>等　扣 20~50 分 | |
| 考评形式 | 设计成果型 | 教师签字 | | 总分 | |

# 任务 2　线管照明线路的安装

## 任务能力目标

● 照明线路采用硬塑料管明管敷设
● 掌握线管照明线路安装的基本知识和技能。

## 4.2.1　实训内容

准备器材：刀开关、白炽灯、双联开关（又称三线开关）、线管（硬塑料管）、导线等。

**（1）按电气原理图及配线安装图在木制安装板上安装线路**
① 线路工作原理　如图 4-5 所示，照明电路是由一灯两开关组成的两地控制照明电路，通常用于楼道上下或走廊两端控制的照明，电路必须选用双联开关。电路的接线方法（常用的电源单线进开关接法）为：电源相线接一个双联开关的动触点接线柱，另一个开关的动触点接线柱通过开关来回线与灯座相连，两只双联开关静触点间用两根导线分别连通，就构成了两地控制照明电路。

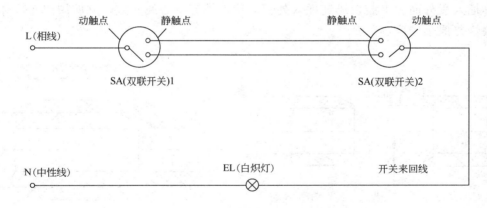

图 4-5　两地控制照明线路图

② 线管配线安装　按照线管配线安装图安装两地控制灯线路，如图 4-6 所示。将绝缘导线穿在管内敷设，称为线管配线，具有耐潮、耐腐、导线不易受机械损伤等优点。分明管配线和暗管配线两种，所使用的线管有钢管和塑料管两大类。硬塑料管是照明线路敷设最常用的线管，具有易弯曲、易锯断和成本低等优点。

a. 线管的落料。根据线路走向及用电器安装位置，确定接线盒的位置，然后以两个接线盒为一个线段，根据线路弯转情况，决定几个线管接成一个线段，并确定弯曲部位，最后按需要长度锯管。

b. 线管的弯曲。硬塑料管弯曲有直接加热弯曲法（$\phi$20mm 以下）和灌沙加热弯曲法（$\phi$25mm 以上）两种。实训采用直接加热弯曲法：将弯曲部分（管内最好置入弯管器）在热源上均匀加热，待管子软化，趁热在木模上弯成需要的角度。线管弯曲的曲率半径应大于等于线管外径的四倍。

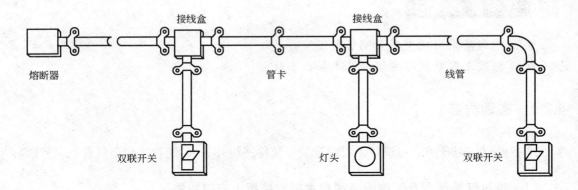

图 4-6　两地控制灯管配线安装图

c. 线管的连接。线管的连接有烘热直接插接（$\phi$50mm 以下）和模具胀管插接（$\phi$65mm 以上）两种方法，实训中采用烘热直接插接法，如图 4-7 所示，将管口倒角（外管导内角、内管导外角）后，除去插接段油污，将外管接管处用喷灯或电炉加热，使其软化，在内管插入段外面涂上胶，迅速插入外管，待内外管中心线一致，立即用湿布冷却，使其尽快恢复原来硬度。

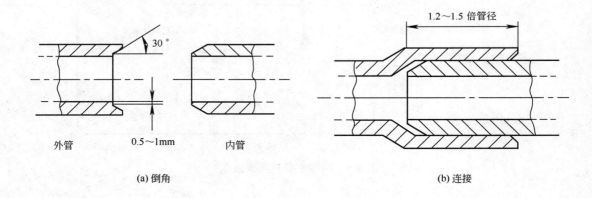

图 4-7　烘热直接插接法

d. 线管的固定。线管应水平或垂直敷设，并用管卡固定，如图 4-8 所示。两管卡间距应大于表 4-2 所示的规定。当线管进入开关、灯头、插座或接线盒前 300mm 处和线管弯头两边均需用管卡固定。

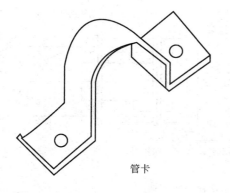

管卡

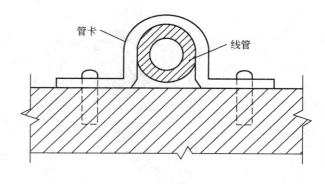

图 4-8　线管的固定

**表 4-2　明敷塑料管管卡间最大距离**　　　　　　　　　　　　　　　m

| 敷设方向 | 硬塑料管标称直径 | | |
|---|---|---|---|
| | 20mm 以下 | 25～40mm | 50mm 以上 |
| 垂直 | 1.0 | 1.5 | 2.0 |
| 水平 | 0.8 | 1.2 | 1.5 |

e．线管的穿线。当线管较短且弯头较少时，把钢丝引线由一端送向另一端；如线管较长，可在线管两端同时穿入钢丝引线，引线端应弯成小钩，当钢丝引线在管中相遇时，用手转动引线，使其钩在一起，用一根引线钩出另一根引线。多根导线穿入同一线管时应先勒直导线并剥出线头，在导线两端标出同一根的记号，把导线绑在引环上，如图 4-9（a）所示。导线穿入管前先套上护圈，再撒些滑石粉，然后一个人在一端往管内送，另一人在另一端慢慢拉出引线。如图 4-9（b）所示。

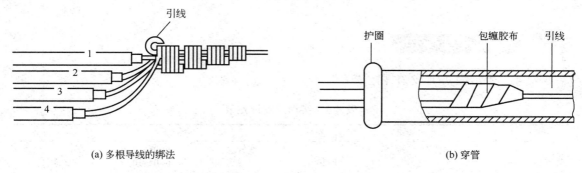

(a) 多根导线的绑法　　　　　　　　　　　　　　(b) 穿管

图 4-9　线管的穿线图

f．线管与塑料接线盒的连接。线管与塑料接线盒的连接应使用胀扎管头固定，如图 4-10 所示。

g．安装木台。木台是安装开关、灯座、插座等照明设备的基座。安装时，木台先开出进线口，穿入导线，用木螺钉钉好。

h．安装用电器。在木台上安装插座、开关、天棚盒，连接好导线，接上白炽灯。注意：双联开关 1 动触点接相线，双联开关 2 动触点接开关来回线。

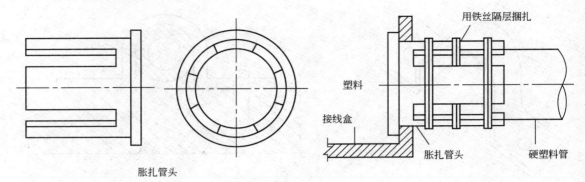

图 4-10　线管与塑料接线盒的连接

## （2）查线路、通电实验

检查整个线路无误后，接上 220V 单相电源通电实验。观察电路工作情况。

### 4.2.2　操作要点

① 明敷用的塑料管，管壁厚度不小于 2mm。导线最小截面积：铜芯不得小于 $1mm^2$，铝芯不得小于 $2.5mm^2$。导线绝缘强度不应低于交流 500V。

② 穿管导线截面积（包括绝缘层面积）总和不应超过管内截面积的 40%。穿线时，同一管内的导线必须同时穿入。管内不许穿入绝缘破损后经过绝缘胶布包缠的导线。

③ 管内导线不得有接头，必须连接时，应加装接线盒。

④ 线管配线应尽可能减少转角和弯曲。

⑤ 两个线头间距离应符合以下要求：无弯曲的直线管路，不超过 45m；有一个弯时不超过 30m；有两个弯时不超过 20m；有三个弯时不超过 12m。

 **实训成绩评定**

表 4-3 所示为实训成绩评定表。

表 4-3　实训成绩评定表

| 项目 | 技术要求 | 配分 | 扣分标准 | 得分 |
|---|---|---|---|---|
| 线管导线选择 | 线管、导线<br>选择合理；<br>布局合理 | 20 分 | 线管选择不合理　扣 0～10 分；<br>导线选择不合理　扣 0～10 分；<br>布局不合理　扣 0～10 分 | |
| 原理 | 原理正确 | 20 分 | 原理不正确　扣 0～20 分 | |
| 线路安装 | 线管落料合理；<br>线管弯曲正确；<br>线管连接正确；<br>线管穿线正确；<br>接线盒、木台安装正确；<br>用电器安装正确 | 10 分<br>10 分<br>10 分<br>10 分<br>10 分<br>10 分 | 线管落料不合理　扣 0～10 分；<br>线管弯曲不正确　扣 0～10 分；<br>线管连接不正确　扣 0～10 分；<br>线管穿线不正确　扣 0～10 分；<br>盒、台安装不正确　扣 0～10 分；<br>用电器安装不正确　扣 0～10 分 | |
| 其他 | 安全文明操作、出勤 | | 违反安全文明操作、<br>缺勤　扣 20～50 分 | |
| 考评形式 | 设计成果型 | 教师签字 | | 总分 | |

# 任务 3　护套线照明电路的安装

## 任务能力目标

● 掌握护套线照明电路安装的基本技能
● 了解照明及动力线路敷设的一般方法

## 4.3.1　实训内容

护套线分塑料护套线、橡套线和铅包线三种。塑料护套线路是照明线路中应用最广的线路，它具有安全可靠、线路简洁、造价低和便于维修等优点。准备器材有：开关、日光灯（白炽灯）、护套线、插座等。

**（1）按电气原理图及配线安装图安装线路**

① 室内照明电路工作原理　室内照明电路工作原理如图 4-11 所示，每盏灯由开关单独控制，再和插座一起并联在 220V 单相电源上，灯丝流过电流，受热辐射发光。

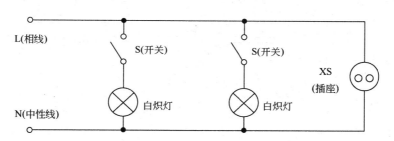

图 4-11　室内照明电路工作原理图

② 安装线路　按护套线照明电路配线安装图安装线路，如图 4-12 所示。

a．定位划线。先确定线路的走向、各用电器的安装位置，然后用粉线袋划线，划出固定铝线卡的位置，直线部分取 150～300mm，其他情况取 50～100mm。

b．固定铝线卡。铝线卡的形状有小铁钉固定和用粘结剂固定两种，如图 4-13（a）所示。其规格分为 0、1、2、3、4 号，号码越大，长度越大。选用适当规格的铝线卡，在线路的固定点上用铁钉将线卡钉牢。

c．敷设护套线。为了使护套线敷设得平直，在直线部分要将护套线收紧并勒直，然后依次置于铝线卡中的钉孔位置上，将铝线卡收紧夹持住护套线，如图 4-13（b）所示。线路敷设完后，可用一根平直的木条靠拢线路，使导线平直。

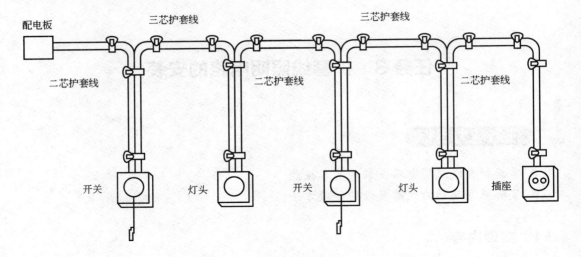

图 4-12　护套线照明电路配线安装示意图

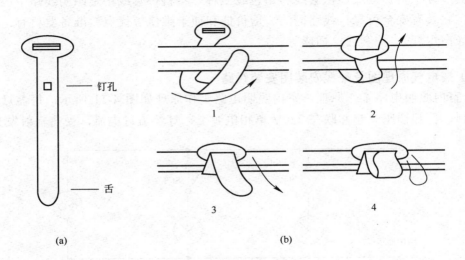

图 4-13　铝线卡的安装

护套线另一种常见的固定方法是采用水泥钢钉护套线夹将护套线直接钉牢在建筑物表面，如图 4-14 所示。

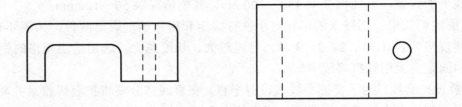

图 4-14　水泥钢钉护套线夹

　　d. 安装木台。敷设时，应先固定好护套线，再安装木台，木台进线的一边应按护套线所需的横截面开出进线缺口。护套线伸入木台 10mm 后可剥去护套层。安装木台的木螺钉不可触及内部的电线，不得暴露在木台的正面。

　　e. 安装用电器。将开关、灯头、插座安装在木台上，并连接导线。三芯护套线红芯线为相线，蓝芯线为开关来回线，黑芯线为中性线。

### （2）查线路、通电实验

　　检查各线路无误后，接通电源，观察电路工作情况。

## 4.3.2 操作要点

　　① 室内使用的护套线截面规格：铜芯不得小于 $0.5mm^2$，铝芯不得小于 $1.5mm^2$。

　　② 护套线线路敷设要求整齐美观，导线必须敷得横平竖直，几根护套线平行敷设时，应敷设得紧密，线与线之间不得有明显空隙。

　　③ 在护套线线路上，不可采用线与线直接连接方式，而应采用接线盒或借用其他电器装置的接线端子来连接导线，如图 4-15 所示。

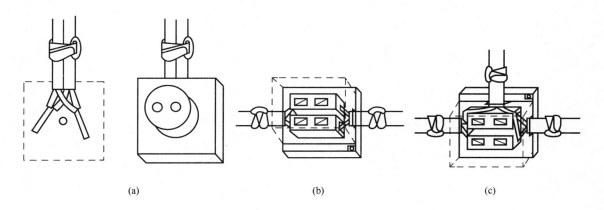

|　(a)　|　(b)　|　(c)　|

图 4-15　护套线线头的连接方法

　　④ 在护套线路的特殊位置，如转弯处、交叉处和进入木台处，均应加铝线卡固定。转弯处护套线不应弯成死角，以免损伤线芯，通常弯曲半径应大于导线外径的六倍。

　　⑤ 安装电器时，开关要接在火线上；灯头的顶端接线柱应接在火线上；插座两孔应处于水平位置，相线接右孔，中性线接左孔。

　　⑥ 对于铅包护套线，必须把整个线路的铅包层连成一体，并进行可靠的接地。

 **实训成绩评定**

　　表 4-4 所示为实训成绩评定表。

表 4-4　实训成绩评定表

| 项目 | 技术要求 | 配分 | 扣分标准 | 得分 |
|---|---|---|---|---|
| 导线选用 | 能够根据负载情况选择适当的导线 | 10 分 | 导线选择不当　扣 0~10 分 | |
| 原理 | 原理正确 | 20 分 | 原理错误　扣 0~20 分 | |
| 线路安装 | 布局合理；<br>铝线卡安装合理；<br>线路平直、美观；<br>线路接头连接合理；<br>木台安装正确；<br>用电器安装正确 | 10 分<br>10 分<br>10 分<br>10 分<br>10 分<br>20 分 | 布局不合理　扣 0~10 分；<br>铝线卡安装不合理　扣 0~10 分；<br>线路不平直、美观　扣 0~10 分；<br>线路接头连接不合理　扣 0~10 分；<br>木台安装不正确　扣 0~10 分；<br>用电器安装不正确　扣 0~20 分 | |
| 其他 | 安全文明操作<br>出勤 | | 违反安全文明操作、损坏工具仪器、缺勤等　扣 20~50 分 | |
| 考评形式 | 设计成果型 | 教师签字 | | 总分 | |

# 任务 4　低压电器整修

## 任务能力目标

● 掌握低压电器拆装工艺、整修要求
● 掌握低压电器校验的一般方法

### 4.4.1　实训内容

**（1）组合开关的拆装检修**

① 松去手柄顶部紧固螺栓，取下手柄；

② 松去两边支架上紧固螺栓，取下顶盖，小心取出转轴、（储能）弹簧和凸轮；

③ 抽出绝缘（联动）杆，逐一取下绝缘垫板上盖，卸下三对动、静触片。

④ 检查静触头，如有烧毛，可用油光锉修平，如损坏严重不能修复时，应更换同规格触头；将静触头与消弧垫铆合在一起，检查触头有无烧毛，消弧垫是否磨损，如损坏严重应作更换。

⑤ 检查操作机构，如有异常，则作适当的调整。

⑥ 装配顺序与拆卸顺序相反。装配时，要注意动、静触头的配合是否合适，并要留意将其中一相触头的分、合状态与另两相相反，以达到改装的目的。

⑦ 检查每层叠片接合是否紧密；反复旋转手柄，感觉操作机构动作是否灵活；动、静触头的分、合是否迅速，松紧是否一致。

⑧ 用万用表检查改装是否符合要求，触头吻合是否良好。

按图 4-16 所示电路接线，进行通电检验。通电检验要求在 1min 时间内，连续成功分、合 5 次，否则应看作不合格，重新拆装、调整。

操作要求和注意事项如下：

① 拆卸前，应清理工作桌面，准备放零件的容器，以免零件失落。

② 拆卸过程中，不许用手硬撬，记住每一零件的位置和相互间的配合。

③ 安装时，要均匀紧固螺栓，以防损坏电器。

④ 通电校验要正确接线，并在老师监护下才能进行。为确保通电安全，必须将组合开关固定在操作板上。

**（2）交流接触器的拆装与整修**

① 拆卸

a. 松去灭弧罩固定螺栓，取下灭弧罩。

b. 一手拎起桥形主触头弹簧夹，另一手先推出压力弹簧片，再将主触头侧转后取出。

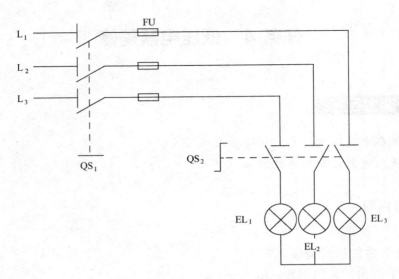

图 4-16　检验电路

c．松去主静触头固定螺栓，卸下主静触头。松去辅助常开、常闭静触头接线柱螺钉，卸下辅助静触头。

d．将接触器底部翻上。一手按住底盖，另一手松去底盖螺钉，然后慢慢放松按住底盖的手，取下弹起的底盖。

e．取出静铁芯及其缓冲垫（有可能在底盖静铁芯定位槽内）。取出静铁芯支架、缓冲弹簧。

f．取出反作用弹簧。将连在一起的动铁芯和支架取出。

g．从支架上取出动铁芯定位销，取下动铁芯及其缓冲垫。

h．从支架上取出辅助常开常闭的桥形动触头（主触头、辅助触头弹簧一般很少有损坏，且拆卸很容易弹掉失落，故不作拆卸）。

② 装配　拆卸完毕后，对各零件进行检查、整修，装配步骤与拆卸步骤相反。

CJO-20 交流接触器经常出现的触头故障有触头过热、触头磨损等，偶尔也会发生触头熔焊。

a．触头过热故障。触头发热的程度与动静触头之间接触电阻的大小有直接的关系。以下情况均会导致接触电阻增大，而使触头过热。

● 触头表面接触不良。造成的原因主要是油污和尘垢沾在触头表面，形成电阻层。接触器的触头是白银（或银合金）做成的，表面氧化后会发暗，但不会影响导电情况，千万不要以为会增大接触电阻面而锉掉。修理时擦（用布条）洗（用汽油、四氯化碳）干净即可。

● 触头表面烧毛。触头经常带负荷分、合，使触头表面被电弧灼伤烧毛。修理时可用细锉整修，也可用小刀刮平。但整修时不必将触头修得过分光滑，使触头磨削过多、接触面减小，这样反而会使接触电阻增大；也不允许用砂布修磨，因为用砂布修磨触头时会使砂粒嵌入其表面，也会使接触电阻增大。

● 触头接触压力不足。由于接触器经常分、合，使触头压力弹簧片疲劳，弹性减小，造成触头接触压力不足，接触电阻增大。修理时，统一更换弹簧片。

b. 触头磨损。触头的分、合引起的电弧或电火花温度非常高，可使触头表面的金属气化蒸发造成电磨损。触头闭合时的强烈撞击和触头表面的相对滑动会造成机械磨损。当触头磨损到原来厚度的 50% 时，就要更换触头。

c. 触头熔焊。主触头被熔焊会造成线圈断电后触头不能及时断开，影响负载工作。常闭联锁触头熔焊不能释放时，会造成线圈烧毁。可修复或更换触头，甚至更换线圈。

另外，常见的故障为铁芯噪声过大。接触器正常工作时，电磁系统会发出轻微的噪声。但是如果听到较大的噪声，说明铁芯产生振动，时间一长会使线圈过热，甚至烧毁线圈，原因一般为铁芯接触面上积有油污、尘垢或锈蚀，使动、静铁芯接触不良而产生振动，发出噪声。另外，由于反复吸合、释放，容易造成铁芯端面变形，使 E 形铁芯中心柱之间的气隙过小，也会增大铁芯噪声。

修理时，针对污垢造成的接触不良，可拆下擦洗干净。铁芯端面生锈或变形磨损，可用细砂布磨平，中心柱间气隙过小，可用细锉修整。

③ 校验

a. 检查运动部分是否灵活，用万用表欧姆挡检查触头吻合是否良好，线圈是否装好。

b. 按图 4-17 接线，进行通电校验。

接通 QS→$EL_1$、$EL_3$ 亮，但发光较暗，表明两常闭辅助触头接触良好。

按下启动按钮 $SB_2$→三灯均亮，表明三主触头接触良好，两常开辅助触头接触良好（若松手后 $EL_2$ 灯熄灭，表明两常开辅助触头未接触，整修不成功）。

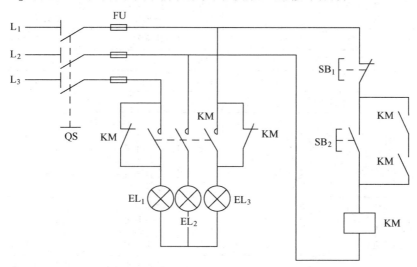

图 4-17 交流接触器校验电气原理图

按下停止按钮 $SB_1$→$EL_2$ 灯熄灭，$EL_1$、$EL_3$ 亮，但发光较暗。

c. 要求在 1min 时间内，连续分、合 10 次，以全部成功为合格，否则重拆、重整、重装。

## 4.4.2 操作要点

① 拆卸前，应清理工作桌面，备好放零件的容器，以免零件失落。

② 拆卸过程中，不许硬搬硬撬，每拆一步，记住各元件的位置。

③ 装配时，要均匀紧固底盖螺钉，装配辅助常闭触头时，先要将触头支架按下，避免将辅助常闭动触头弹簧推出支架。

④ 用锉刀整修铁芯端面时，挫削方向应与铁芯硅钢片相平行，以减少涡流损耗。

⑤ 应将接触器固定在操作板上，按图正确接线，并在教师监护下操作。

 **实训成绩评定**

表 4-5 所示为实训成绩评定表。

表 4-5  实训成绩评定表

| 组合开关整修 | | | | |
|---|---|---|---|---|
| 项目 | 技术要求 | 配分 | 评分标准 | 扣分 |
| 拆卸整修改装 | 操作方法、步骤正确；<br>分合迅速，松紧一致，转动灵活 | 60 | 拆装方法、步骤不正确  每次扣 10 分；<br>未进行改装  扣 30 分；<br>触头修整不符合要求  扣 20 分；<br>分合松紧不一致，转动不灵活  扣 20 分；<br>失落、漏装紧固件或其他零件  扣 5～15 分；<br>损坏元件或不能装配  扣 60 分 | |
| 通电检验 | 接线正确可靠；<br>触头吻合良好；<br>触头分合同步 | 40 | 接线错误或不会接线  扣 10～40 分；<br>5 次通电每次不成功  扣 10 分；<br>触头分合不同步  扣 15 分 | |
| 安全 | 安全、文明生产 | | 违反安全规程扣 20 分，重者停训 | |
| 考评形式 | 过程型 | 教师签字 | | 总分 |

| 交流接触器的拆装与整修 | | | | |
|---|---|---|---|---|
| 项目 | 技术要求 | 配分 | 评分标准 | 扣分 |
| 拆装整修 | 操作方法；<br>步骤正确熟练；<br>整修方法正确 | 50 | 拆装步骤及方法不正确  每次扣 5～10 分；<br>拆装不熟练  扣 10～20 分；<br>整修方法不正确  扣 20 分；<br>失落零件  每件扣 10～20 分；<br>损坏器件  扣 50 分 | |
| 校验 | 接触器动作灵活；<br>正确接线；<br>无振动、噪声；<br>触头接触良好 | 50 | 接触器长触  扣 50 分；<br>不进行通电校验  扣 50 分；<br>有振动、噪声  扣 20 分；<br>通电校验不成功  每次扣 10 分 | |
| 安全 | 安全、文明生产 | | 违反安全文明生产，酌情扣分，重者停止实训 | |
| 考评形式 | 过程型 | 教师签字 | | 总分 |

# 任务 5  三相异步电动机综合测试

## 任务能力目标

● 熟练掌握电动机正确接线方法、测试、校验
● 掌握电动机故障排除的基本技能

## 4.5.1  实训内容

**（1）三相异步电动机首末端的确定及接线方法**

① 电动机接线盒内的接线　三相异步电动机三相定子绕组的 6 个线头在出厂前（或维修后）均按规定的位置排成上下两排，连接在电动机接线盒内的接线板上，通电运行时，根据电动机铭牌标示确定连接方式。

如果需要改变电动机的旋转方向，只要任意换接两根导线线头的接线桩位置（即改变电源相序）即可。

② 三相绕组首尾端的判别方法　若电机无法从外观上分清 6 个出线的首尾端，先用万用表电阻挡（或兆欧表）分清三相绕组各相的两个线头，并暂定编号为 $U_1$、$U_2$、$V_1$、$V_2$、$W_1$、$W_2$，然后可采用下列方法之一加以判别。

a. 直流法　直流法是根据同一磁路中多个线圈会产生互感现象的原理操作。

● 按图 4-18 所示接线，将直流毫伏表（也可用万用表微安挡）并接在 $W_1$、$W_2$ 上；干电池一个极接到 $U_1$ 上。

● 将 $U_2$ 与干电池的另一极碰一下，观察两者接触瞬间毫伏表指针的偏转方向。若毫伏表指针正偏，则与电池正极、毫伏表负极相接的线头同为首端（或同为尾端），即 $U_1$、$W_1$ 同为首端。若毫伏表指针反偏，则与电池正极、毫伏表正极相接的线头同为首端，即 $U_1$、$W_1$ 同为首端，对调编号 $W_1$、$W_2$。

● 将毫伏表接到 $V_1$、$V_2$ 上，同样方法判别出剩下一相的首尾端。

b. 剩磁法　电动机经过运转后，它的转子铁芯会存在一定强度的剩磁。旋转转子时，定子绕组与剩磁切割，在定子绕组中产生微弱的感生电势，而且是三相对称的，这是剩磁法操作的依据。

● 按图 4-19 所示接线，将 $U_1$、$V_1$、$W_1$ 及 $U_2$、$V_2$、$W_2$ 分别并接在一起，再并接毫伏表（或万用表微安挡）。

● 用手慢慢转动电动机转子,同时看毫伏表指针,若指针不动（有时会有微小的摆动）,则表明原先暂定的编号正确;若指针出现较明显的摆动,则表明原先所定的编号不对,这时应将其中一相的编号对调后重测,最多经三次对调便可判别出三相绕组的首尾端。

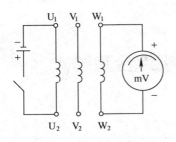

图 4-18 直流法判别

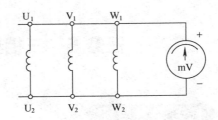

图 4-19 剩磁法判别

c. 交流法 是一种运用变压器原理来判别三相绕组首尾端的方法。

● 按图 4-20 所示接线，将 $U_2$、$V_2$、$W_2$ 接在电源的一端，再将 $U_1$、$V_1$、$W_1$ 中任意一端，如 $W_1$ 接到电源另一端。

● 将余下的两端 $U_1$、$V_1$ 相互碰撞，若无火花，则表明这两端同为首端（或同为尾端）。若有火花，对调这两相中任意一相两个线头编号，重新按前面方法操作。

● 将 $W_1$ 上的电源线换接到 $V_1$ 上，相互碰撞 $U_1$、$W_1$，若无火花，则 $U_1$、$V_1$、$W_1$ 同为首端（或同为尾端）。若有火花，则对调 $W_1$、$W_2$ 两线头编号，重新再测。

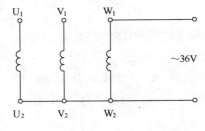

图 4-20 交流法判别

### （2）三相笼式异步电动机的试验

电动机经过修理、保养及长期闲置后，在使用前都要经过必要的试验，来检验电动机的质量是否达到使用要求。试验的项目通常有绝缘试验、直流电阻测定、短路试验、空载试车及温升试验，其中最基本的测试内容有绝缘电阻测定、空载电流的测定等。

电动机在准备试验前，应先进行常规检查。首先应检查电动机的装配质量，各部分的紧固螺栓是否拧紧，转动转子是否灵活，引出线的标记、位置是否正确等。只有在确认电动机的一般情况良好，并将定子绕组连成星形、三角形或将连接方式的连接片拆下，使绕组的 6 个线头独立后，方可进行试验。

① 绝缘试验 绝缘试验包括绝缘电阻的测定、绝缘耐压试验。

a. 绝缘电阻的测定。用兆欧表测出三相绕组之间的相间绝缘电阻，然后再测各相绕组对地的绝缘电阻。所测得的绝缘电阻值不得小于 0.5MΩ。

b. 耐压试验。这是检查电动机绝缘质量最可靠的方法。对额定功率 1kW 的电动机，施以 2 倍电动机额定电压再加 500V 的高压，对额定功率大于 1kW 的电动机，试验电压为 2 倍电动机额定电压再加 1000V 高压。试验时间 1min，不击穿为合格。在进行耐压试验前，应先测量绝缘电阻，阻值应大于 0.5MΩ。进行耐压试验时，先将任意两相接高压火线，剩下的一相和电动机外壳接零线，进行第一次试验，然后换一相与电动机外壳接零线，再试验一次，两次都不发生击穿，表明电动机绝缘合格。

② 直流电阻测定 电动机绕组经过重绕修复后，要测定新嵌绕组的直流电阻，一般测三次，取其平均值。三相绕组的直流电组之间的偏差与三相平均值之比应不大于 5%，否则绕组匝间有短路、断路等故障。测定电阻在 1Ω 以上的绕组，可使用直流单臂电桥；

测定电阻在 1Ω以下的绕组，应使用直流双臂电桥。

③ 短路试验  短路试验时，要把电动机的轴卡住，不让转子转动，因此又称堵转试验。短路试验的目的是测定短路电压。

试验时，根据被测电动机功率选定电流表、功率表，按图 4-21 接线，逐渐升高调压器输出电压，使定子电流达到额定值。

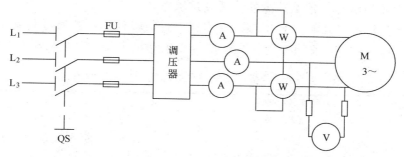

图 4-21   电动机短路试验原理图

功率表显示的输入功率就是电动机的铜损耗功率。如短路电压过大，则表明定子绕组匝数太多，漏抗大，空载电流小，启动电流和启动转矩小；如短路电压过小，则情况相反。正常的短路电压值应符合表 4-6 所规定的数值。

表 4-6   小型电动机的短路电压值

| 电动机额定功率/kW | 0.6～1.0 | 1.0～7.5 | 7.5～13 |
| --- | --- | --- | --- |
| 短路电压/V | 90 | 75～85 | 75 |

④ 空载试验  空载试验目的是检查电动机的装配质量和运行情况，测定电动机的空载电流和空载损耗功率。

测定时，按图 4-21 接线，逐渐升高电压至额定值（380V），此时，电动机应运作轻快，无噪声和振动，所测得的电流就是空载电流。功率表显示的输入功率就是电动机的空载损耗功率。其中空载电流应三相平衡，任意一相空载电流与三相电流平均值的偏差均不得大于 10%。空载电流与额定电流的百分比，应符合表 4-7 所列数值。

表 4-7   中小型电动机空载电流与额定电流的正常百分比         /%

| 极数＼额定功率 | 0.125kW 以下 | 0.5kW 以下 | 2kW 以下 | 10kW 以下 | 50kW 以下 |
| --- | --- | --- | --- | --- | --- |
| 2 | 70～95 | 45～70 | 40～55 | 30～45 | 23～35 |
| 4 | 80～96 | 65～80 | 45～60 | 35～55 | 25～40 |
| 6 | 85～98 | 70～90 | 50～65 | 36～65 | 35～45 |
| 8 | 90～98 | 75～90 | 50～70 | 37～70 | 35～50 |

在一般情况下，通常采用较简便的空载试验方法，即通过短路保护和控制开关直接将三相电源接入电动机，空载启动，用钳型电流表测出空载电流，用转速表测出空载速度，并观察电动机的空载运转情况，以确定电动机的好坏。

⑤ 温升试验  温升试验的目的是测定电动机各部分温度，判定电动机是否工作在

允许温升之内。试验时，电动机在额定工作状态下，连续运转 2～3h，用酒精温度计测出电动机各部分温度（水银温度计在交变磁场内可能产生涡流损耗，而导致测量误差），所测得的温度是电动机的表面温度。电动机绕组的温度通常比表面温度高 10℃，观测电动机的温升是否在允许范围内。一般异步电动机的轴承允许温度不超过 95℃。

### （3）三相异步电动机常见故障的分析及排除方法

电动机在启动时及运行过程中难免会出现各种故障，正确处理可避免故障扩大而造成器件损坏，影响生产。表 4-8 所示为一般异步电动机常见故障的分析及排除方法。

表 4-8　一般异步电动机常见故障的分析及排除方法

| 故障现象 | 造成故障的可能原因 | 排除方法 |
|---|---|---|
| 电源接通后，电动机不能启动 | ① 无电源或控制设备线路故障；<br>② 熔体熔断；<br>③ 热继电器未复位；<br>④ 定子绕组相间短路、接地或接线错误及定子、转子绕组断路；<br>⑤ 机械故障，如传动卡住，负载过大 | ① 检修控制设备线路；<br>② 找出原因后，更换熔体；<br>③ 找出热继电器动作原因，复位；<br>④ 找出故障部位进行修复，如果是接线错误，修正线路；<br>⑤ 协助机修人员排除 |
| 电动机有异常声或振动过大 | ① 单相（缺相）运行；<br>注:电动机单相运行时会发出"嗡嗡"的声音，转轴抖动（俗称"黄牛叫"）；<br>② 机械摩擦（包括定子、转子相擦），轴承缺油或损坏；<br>③ 轴伸端弯曲、转子或皮带盘不平衡、联轴器松动、底脚螺栓松动 | ① 有一相断电，可能是熔体烧断；接触器（或其他开关）一相不通，电动机绕组一相断路，针对原因排除；<br>② 针对原因排除；<br>③ 进行校直、校平衡、拧紧螺栓 |
| 电动机温升过高 | ① 过载运行；<br>② 电压过低或连接方式错误；<br>③ 定子绕组匝间、相间短路或接地；<br>④ 单相运行；<br>⑤ 通风不畅 | ① 减轻负载或换大电机；<br>② 检查电源或改变连接方式；<br>③ 查找短路、接地部分，修复；<br>④ 检查熔断器、控制开关触头，排除故障；<br>⑤ 清除通风通道障碍物及尘垢 |
| 电机外壳带电 | ① 接地不良；<br>② 绕组受潮，绝缘损坏；<br>③ 接线板爬电；<br>④ 引出线绝缘磨破 | ① 找出原因，进行纠正修复；<br>② 作干燥处理，修复损坏的绝缘或重绕组；<br>③ 清除污垢或更换接线板 |

电动机故障排除的实训操作比较难以进行（故障较难设置，或容易造成电动机损坏）。因此电动机常见故障及排除方法可由实训老师示范操作、讲解分析，使学生识别常见故障。

## 4.5.2　操作要点

① 准备小功率（4kW）三相交流鼠笼式异步电动机 1 台、干电池组（3～6V，引出线带鳄鱼夹）1 组、具有短路保护及控制开关的操作台（板）1 台，500V 兆欧表、钳型电流表、转速表各 1 只。

② 三相异步电动机定子绕组的首尾判别

a.（用直流法）正确判定三相绕组的三个首端 $U_1$、$V_1$、$W_1$ 及三个尾端 $U_2$、$V_2$、$W_2$，再用剩磁法验证直流法判定的结果。

b. 正确排列接线盒内 6 个线端的位置，并按铭牌指示、三相绕组接成三角形（或星形）方式。

③ 三相异步电动机综合测试。

a. 绝缘电阻测定。

● 各相绕组对地绝缘电阻：U—地＿＿＿＿＿、V—地＿＿＿＿＿、W—地＿＿＿＿＿。

● 各相绕组之间的绝缘电阻：U—V＿＿＿＿＿、V—W＿＿＿＿＿、W—U＿＿＿＿＿。

b. 空载试车。

● 要正确、规范地连接三相电源。

● 用钳形电流表测定各相空载电流：U 相＿＿＿（A）、V 相＿＿＿（A）、W 相＿＿＿（A）、三相平均值＿＿＿＿（A）。

各相空载电流与平均值的误差：

U 相±＿＿＿＿＿%；V 相±＿＿＿＿＿＿%；W 相±＿＿＿＿＿＿%。

● 空载转速测定：空载转速＿＿＿＿＿＿r／min。

④ 综合操作重点注意事项

a. 用直流法对三相异步电动机定子绕组进行首尾判别时，电池的正、负极性及毫伏表的极性都不能搞错。操作时，电池一端与绕组的一端仅碰一下（不要接上不放开）。

b. 用剩磁法校验时，并在一起的三个线端一定要接触良好，不许其中某一线端松开，否则结果会相反。

c. 综合测试时，接线要正确，电动机接线盒内绕组、引出盒、电源线都不能有松动和接触不良的现象，否则会造成电动机缺相运行。

d. 测试时，注意安全。一方面用钳形电流表测试时，注意用电安全；另一方面电动机在高速旋转时，操作时保持一定的距离。

 **实训成绩评定**

表 4-9 所示为实训成绩评定表。

表 4-9　实训成绩评定表

| 项目 | 要求 | 配分 | 评分标准 | 扣分 |
|---|---|---|---|---|
| 电动机首尾判别 | 判别方法正确、熟练；判定结果正确；验证方法、结果正确 | 35 | 不会或判错　扣 20 分；思路不清、步骤混乱　扣 5～15 分；不会或验证错误　扣 15 分 | |
| 接线板排列 | 六个出线端在接线板上排列位置正确；连接方式正确 | 15 | 排列错误　扣 10 分；连接方式错误　扣 10 分；连接松动　扣 5 分 | |
| 绝缘电阻测定 | 正确熟练地测定绝缘电阻值 | 25 | 兆欧表未经校验　扣 5 分；兆欧表转速过快（或慢）　扣 5 分；测定点选错　每点扣 10 分；读数错或不会读　每点扣 10 分 | |
| 空载试车 | 正确接线；正确熟练地测定各相空载电流；正确熟练地测定空载转速 | 25 | 接线错误，经老师指出后纠正者　扣 10 分；钳形电流表不会使用者　扣 20 分；量程选择不当者　扣 10 分；空载电流读数错　每相扣 10 分；转速表不会使用，读数错误　扣 20 分；量程选择不当者　扣 10 分 | |
| 安全生产文明操作 | | | 违者，扣分；重者，停训 | |
| 考评形式 | 过程型 | 教师签字 | 总分 | |

# 任务 6　三相异步电动机控制线路安装

## 任务能力目标

● 掌握三相异步电动机的简单控制线路的分析方法
● 掌握简单控制线路的元件安装、布线、接线、校验试车及常规故障的检修

## 4.6.1　实训内容

### （1）电气控制线路的安装与维修基础

电气控制线路是为满足设备运行对电气方面的要求，按照正确、可靠、合理、安全的原则设计而成。其中电动机的基本控制线路是电气控制线路的基本环节，主要作用是按要求接通和断开电动机、电磁阀、牵引磁铁等器件，使设备运行，同时在设备发生各种故障的情况下，自动切断其电源（或发出报警信号），避免酿成事故。

电气控制线路一般有电气原理图（简称原理图）和安装接线图（简称接线图）两种表示方法。

原理图采用国家标准规定的图形符号和文字符号，主电路与辅助电路相互分开，按各电气元件工作顺序等原则，详细表示设备中全部电气元件以及各基本组成部分连接关系。原理图具有结构简单、层次分明的特点，非常适合于研究、分析线路的工作原理，是设计和维修的重要工具。

主电路是流过电气设备负荷电流的电路，一般流过的电流都比较大。主电路包括电源电路、受电的动力装置及其控制、保护电器支路等，一般由电源开关（负荷开关、自动空气开关、刀开关等）、熔体、接触器（或磁力启动器）的主触点、热继电器热元件、电流表、电流互感器、电动机、电磁铁及导线组成。主电路的电压等级通常采用380V、220V。

辅助电路是控制主电路通断或监视、保护主电路正常工作的电路，通过的电流比较小。辅助电路一般由控制电路、照明电路、信号电路、转换开关、熔断器、按钮、接触器（或磁力启动器）、各继电器的线圈、辅助触点、限位开关的触点等组成。辅助电路的电压等级分为380V、220V，此外，也经常通过单独设置的降压变压器采用127V、36V等电压等级。

在原理图上，一般将主电路画在辅助电路的左侧，各电气元件一般按动作顺序从上到下，从左到右依次排列。所有元件的触点通常都按没有通电或不受外力作用时的位置画出。各电器的各个部件不按它们的实际位置画在一起，而是按其在电路中的作用被分别画在各自所属的回路中，但为了便于识别同一元件的不同部件，用同一文字符号表示。主电路中的电源电路水平绘制，排列次序自上而下为三相电源 $L_1$、$L_2$、$L_3$ 以及中线 N 和保护

接地 PE。各个负载电路按该受电负载在本线路中作用大小，从左往右垂直接在电源电路上，辅助电路应垂直画在两条（或几条）水平电源线之间，其中线圈等耗能元件通常直接接在下方水平线上。

如图 4-22 所示，为了便于分析线路和接线、排除故障，原理图中各电气元件之间的连线都应标有编号。主电路的连线编号用 U、V、W 区分，三相电路并缀以一位或二位数字在后面，当电路中有多台电动机时，还可在 U、V、W 前后加数字，如 $U_{12}$、$V_{12}$、$W_{12}$，$1U_1$、$1V_1$、$1W_1$ 等。辅助电路一般用数字，表示下方水平电路线用 1、2、3、…从上而下，从左而右标注各根连线编号。

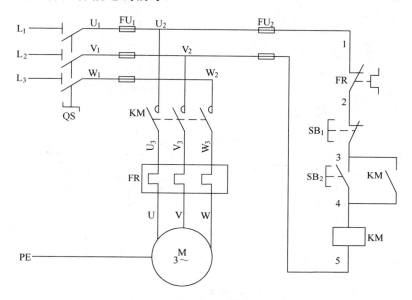

图 4-22　三相异步电动机控制原理图

安装接线图是根据电气设备和电气元件的实际位置及安装情况绘制的，是实际接线的依据和准则。如图 4-23 所示，把同一电气元件画在一起（原理图则是分开的），清楚地表示了电气设备各元件的相对位置和它们之间的接线关系。接线图和原理图是同一控制线路的不同表示形式，主要用于安装接线、线路检修和故障处理。在实际应用中，接线图和原理图通常需要一起使用，所以各电气元件的图形符号、文字符号以及它们之间连线的编号都是一致的。

电气控制线路涉及的范围十分广泛，其安装方法和要求因线路性质（如高压、低压、强电、弱电、照明、动力等）的不等而有所区别。这里仅介绍电动机控制线路的安装方法和要求。

电动机控制线路安装时，必须按设计要求和工艺要求进行操作。

① 按元件明细表配齐电气元件。所有器材必须质量可靠，型号规格与要求相符，特别要注意线圈的工作电压和各种额定值的大小。

② 在控制柜（箱）中安装电气元件时应注意以下事项。

● 除了按钮、限位开关、电动机等必须在特定位置上安装的器件，其他应尽可能组装在同一电气安装板上，且离地高度应在 0.4～2m 之间（接地端子离地高于 0.2m），同时相互之间还需保持一定的间隔，以利于安装、维修。发热元件应考虑到（其他元器件的）允许温升问题，保持相应的距离。

● 控制箱门上除了安装控制按钮、开关、信号灯及指示仪表外，不应安装其他器件。电源开关一般装在控制箱内的右上方，其上方还应加盖绝缘保护。

● 各元器件都应在醒目位置标上相应的文字符号，门上的控制按钮、开关、信号灯等按其作用标上简明的名称。

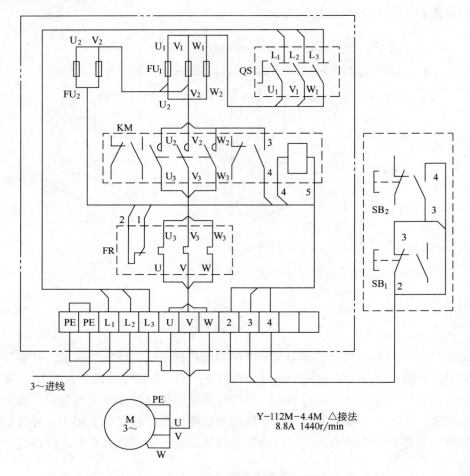

图 4-23　电动机控制电气布线图

③ 控制柜内布线、接线方法如下。

● 导线通常选用多股软线，主回路用线截面一般不小于 1.5mm$^2$，辅助控制回路截面积不小于 0.5mm$^2$。导线颜色由线路性质而定，保护接地线（PE）必须采用黄绿双色线；动力电路的中线（N）和中间线（M）必须用浅蓝色；动力电路一般采用黑色线；辅助控制电路一般采用红色线。

● 导线敷设时，通常采用线槽敷线方式。所有导线从一个端子到另一个端子中间不得有接头。线槽内导线松紧合适、一致、不交叉，装线容量不超过线槽的 70%，线槽外导线横平、竖直、整齐合理。元件上部桩头（端子）的引线进入元件上部线槽，元件下部桩头的引线进入元件下部线槽，任何导线都不允许以水平方向进入线槽。

● 接线时，每个导线线头都要根据实际接线场合选用针形、叉形或 O 形的冷压接线头，用专用压接钳接上接线头（压紧接线头前先要在线的两头按图套上相应线号套管），再接到元件桩头上。每个元件桩头最多只能接两根导线，接线端子排（板）每节只能接一根导线。每根导线接上桩头后，随手往外拉一下，检验线头是否已压紧。

④ 控制柜外部布线、配线时一律走保护通道，以防止外力、铁屑、各种液体、灰尘的侵害。导线保护通道可采用焊接钢管、金属软管、设备底座等。

⑤ 电气设备的所有裸露导体零件如电动机、机座、金属按钮外壳，必须可靠地保护接地（或保护接零）。保护电路中严禁加装熔断器或开关。

⑥ 控制线路安装好以后，必须进行例行检查。

● 各元件的符号、名称标牌等是否与原理图、接线图一致。

● 按钮、信号灯等有颜色要求的电器是否与图纸要求相符。

● 各元件安装是否正确、牢固。

● 布线是否符合工艺要求，每个接线桩头接线是否牢固、可靠。

● 保护电路（保护接地、接零）是否正确、可靠。

● 测试电气线路的绝缘电阻，用 500V 兆欧表测量各线路间绝缘电阻，所测绝缘电阻阻值应不小于 $1M\Omega$。

⑦ 通电试车。

● 空载试车。通电前应检查所接电源是否符合要求。通电后，应先点动试车。试车过程中观察各元件的动作顺序是否正常。如有异常，应立即切断电源，查出原因。

● 负载试车。检验电气设备的连续运行情况下，各部分有无异常噪声，各器件的温升是否超过允许值，检验启动和停止过程是否正常，急停器件是否有效、可靠。

电气控制线路在运行过程中，由于电气设备的过载、振动、异物的侵入或长期使用后元器件的老化等原因，均会出现电气绝缘下降、触点接触不良、电路接地接触不良、元器件动作失灵、接地或短路等故障，一般将上述原因引起的故障归为自然故障。由于设备操作人员操作不当或维修人员维修电气线路时维修操作不当或不合理地改动线路或元器件引起的故障称为人为故障。

电气控制线路发生故障后，设备不能正常工作，影响生产作业，甚至造成事故殃及人身、设备安全，所以应根据电气设备的重要性，制定日常巡查维护、检修计划，认真执行，防止故障发生。发生故障后，必须及时排除并查明原因。电气控制线路的故障常常和设备的机械、液压等系统交错在一起而难以分辨，所以要通过正确的分析，做出正确的判断，采用正确的维修方法迅速排除故障。

一般故障的检修步骤和要求如下。

● 看清（或了解）故障现象，尽量不要遗漏每一个细节，为分析判断提供足够的依据。

● 根据故障现象，依据原理图找出故障范围、回路，并进一步缩小到可能发生故障的点。根据判断出的故障范围、回路和可能的故障点，用万用表、验电笔等工具找出故障点。

- 用正确的检修方法排除故障。
- 校验电路。
- 作出检修记录。

### （2）持续运行控制线路安装

三相异步电动机控制线路有的简单，有的比较复杂，但都是在点动控制线路的基础上引入自锁、连锁、限位控制、时间控制、过载保护等功能和环节组合而成。所以要掌握控制原理的分析方法，必须从点动控制线路着手。图4-24所示为三相异步电动机点动控制线路，其动作原理分析如下：

启动：按下按钮 SB→接触器 KM 线圈得电→KM 主触头闭合→电动机 M 运转。

停止：放开按钮 SB→接触器 KM 线圈失电→KM 主触头复位（分断）→电动机 M 停转。

图4-24中 $L_1$、$L_2$、$L_3$ 为三相电源；QS 是电源隔离开关，在电路维护、检修等情况下切断电源；$FU_1$ 提供整个控制电路的短路保护，$FU_2$ 提供辅助控制电路的短路保护。

采用点动控制线路，如果要使电动机长时间运转，就必须长时间按住按钮，这在现实中显然是不可取的。要在松开按钮后电动机仍能持续运转，只要将接触器 KM 的辅助常开触点并联到按钮 SB 的两端，让辅助控制电路的回路在 SB 断开后，由接触器辅助常开触头自行保持接通状态，保证电动机持续运转，接触器的辅助常开触头称为自锁（或自保）触头。但这时电动机将无法停止，所以还要将一个常闭按钮串联到辅助控制回路中，用来切断回路，使电动机停止，此按钮称为停止按钮。

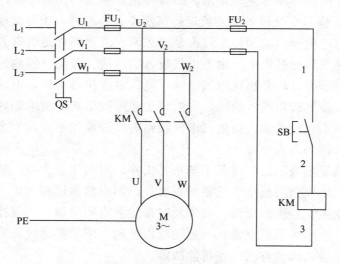

图4-24　三相异步电动机点动控制线路图

下面对图4-24所示电动机控制线路作简要分析。

合上电源开关 QS 启动→按下启动按钮 $SB_2$→KM 线圈得电，KM 辅助常开触头闭合，自锁，KM 主触头闭合→电动机 M 启动运转。

松开 SB$_2$，由于 KM 辅助常开触头的自锁作用，控制回路仍保持接通，电动机 M 继续运转。

停止→按下 SB$_1$→KM 线圈断电释放，KM 辅助常开触头复位断开，KM 主触头复位断开→电动机 M 停转。

电动机在持续运行过程中，难免会遇到负载过大、操作频繁、缺相运行等情况，使电动机工作电流超过它的额定电流，这时往往还不能使熔断器的熔体熔断，但电动机绕组开始过热，如果过热严重，超过电动机允许温升，就会使绝缘损坏，影响电动机的使用寿命，甚至烧坏电动机。所以，在控制线路中必须引入过载保护，将热继电器 FR 的热元件串接在回路中，常闭触头串接到辅助控制回路中，若电动机过载，其负载电流超过额定值，经过一段时间，热继电器动作，常闭触头断开，切断辅助控制回路，最终使电动机 M 停转，对电动机起到过载保护作用。

图 4-24 所示控制线路除了短路、过载保护外，还具有欠压保护和失电保护作用。当线路电压低于工作电压的 85%时，接触器线圈磁通明显减弱，吸力不足，使接触器复位，切断电路，电动机停转，避免电动机在低电压情况下运转而造成损坏，起到欠压保护作用。运行中的控制线路在电源临时停电（非正常情况）再恢复供电时，由于自锁触头已断开，控制回路不会自行接通，因而电动机也不会自行启动运转，避免意外事故发生，起到失电保护作用。

表 4-10 为实训器材明细表。

表 4-10　实训器材明细表

| 代号 | 名　称 | 型号、规格 | 数量 | 备注 |
|---|---|---|---|---|
| QS | 组合开关 | HZ10-25/3 | 1 | 实训可用闸刀开关代替 |
| FU$_1$ | 螺旋式熔断器 | RL1-60/25 | 3 | 实训可用插入式熔断器代替 |
| FU$_2$ | 螺旋式熔断器 | RL1-15/2 | 2 | |
| KM | 交流接触器 | CJ10-20 | 1 | |
| SB | 按钮 | LA10-3H | 1 | 其中一挡按钮备用 |
| M | 三相异步电动机 | Y-112M-4 | 1 | |
| XT | 接线端子板 | JX2-1020 | 1 | |
| | 聚氯乙烯绝缘铜芯软线 | BVR 1.5mm$^2$ | 根据实际情况由教师决定 | 实训时条件不具备可不用 |
| | | BVR 0.75mm$^2$ | | |
| | 橡胶套软管 | YHZ3×1.5+1×1.5mm$^2$ | | |
| | 接线头 | 针型/叉型 | | |
| | 编号套管 | 1.5mm$^2$、0.75mm$^2$ | | |
| | 木螺丝 | 3mm×16mm、4mm×25mm | | |
| M | 行线槽 | 30mm×40mm | | |
| | 三相异步电动机 | Y-112M-4 | 1 台 | 可根据实训基地现有电动机选用 |
| | | 4kW 380V △接法 8.8A 1440r/min | | |

操作步骤如下。

① 按图 4-25 所示元件布置图安装电器元件。

② 按图 4-22，参照图 4-23 装接三相电动机持续运转控制线路。

③ 接电源及电动机。

④ 通电校验。

⑤ 人为设置故障、排除故障。

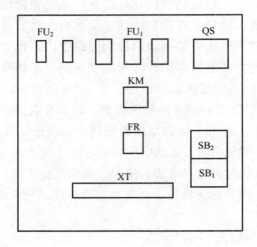

图 4-25 元件布置图

### （3）正反转控制线路安装

生产机械往往要求运动部件具有正反两个运动方向的功能，如起重机的上升与下降、机械主轴的正转与反转、工作台的前进与后退等，虽然可以通过齿轮等机械装置达到变换运动方向的目的，但这会使机械传动装置变得更加复杂，操作也很繁琐。如果电动机的旋转方向能够改变，将省去许多机械装置，方便操作。根据电磁场原理可知，若将接至电动机的三相电流进线中任意两相对调接线（改变相序），就可达到电动机反转的目的，非常容易实现。

如图 4-26 所示为接触器联锁正反转控制原理图。图中采用两个接触器，正转用接触器 $KM_1$，反转用接触器 $KM_2$。当 $KM_1$ 的三副主触头闭合时，三相电源的相序按 $L_1$—$L_2$—$L_3$ 接入电动机。而当 $KM_2$ 的三副主触头接通时，三相电源的相序按 $L_3$—$L_2$—$L_1$ 接入电动机。所以当两接触器分别工作时，电动机的旋转方向相反。接触器 $KM_1$ 和 $KM_2$ 不能同时通电闭合，否则将会造成 $L_1$、$L_2$ 两相电源短路，为此在接触器 $KM_1$、$KM_2$ 各自线圈的支路中相互串联了对方的一副常闭辅助触头，保证了接触器 $KM_1$ 和 $KM_2$ 不会同时通电，$KM_1$ 和 $KM_2$ 的这两副触头在线路中所起的作用称为联锁作用，这两副触头通常叫做联锁触头。动作原理分析如下：

● 正转控制  合上电源开关 QS、按下正转启动按钮 $SB_2$→$KM_1$ 线圈得电。

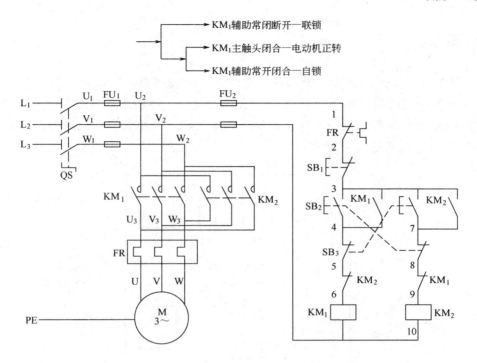

图 4-26　接触器联锁正反转控制原理图

● 反转控制　先按停止按钮 $SB_1$→$KM_1$ 线圈失电：

● 再接反转　启动按钮 $SB_3$→$KM_2$ 线圈得电：

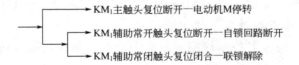

此线路适合于反、正转切换时，必须先经过停车过程。

操作步骤如下。

① 按图 4-27（元件布置图）安装电器元件，在图 4-25（元件布置图）的基础上加装一交流接触器和一复合按钮即可。

② 根据图 4-26（原理图）和图 4-27（元件布置图）画出接线图。

③ 装接三相电动机接触器联锁正反转控制线路。

④ 接电源及电动机。

⑤ 通电校验。

⑥ 人为设置故障，排除故障。

### 4.6.2 操作要点

① 因实训的元件、导线一般都反复使用过，比较陈旧，所以选配元件时，型号规格要正确（如使用代用品要加以说明），动作吻合良好。特别注意线圈工作电压、熔体额定电流等的选择。导线选用时，除了保护（接地）线一律用黄绿双色线外，可不按规定颜色选择，但主回路尽量用两种颜色。

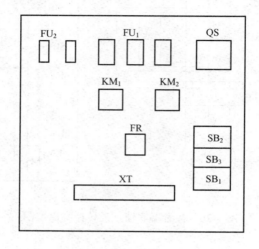

图 4-27　元件布置图

② 固定元件时，木螺钉规格选择应合适。元件固定整齐、牢固，在固定接触器、熔断器等易碎裂元件时，要轮流均匀紧固各螺钉，并轻轻摇动元件，感觉不动后，再适当旋紧些即可。

③ 布线走向正确、合理、整齐，松紧合适一致。

④ 接线牢靠，编号正确，电动机接线盒接线时，注意电动机绕组的接法（△接法还是Y接法）。按钮、电动机外壳必须接地。

⑤ 通电校验前，应先对控制线路进行全面检查，确保一次通电成功。通电校验时，要有教师监护。

⑥ 通电完毕，经老师评分后，在线路上人为设置故障。设人为故障时，可将接触器辅助静触头拆下，贴上涤纶丝胶带，使触点不能导通。同样，可在按钮、熔断器等元件中设置故障点，也可用一根中间断路的导线换下正常的导线造成断线故障。

⑦ 排除故障时，学生之间互换线路板，通电看清故障现象，经分析确定故障范围回路后，再进行排除，并画出故障回路，指出故障点。

**实训成绩评定**

表 4-11 所示为实训成绩评定表。

### 表 4-11　实训成绩评定表

| 内容 | 要求 | 配分 | 评分标准 | 扣分 |
|---|---|---|---|---|
| 元件安装 | 按元件布置图端正牢固地固定元件 | 10 | 元件安装不牢固　每件扣 3 分；<br>元件位置不合理　每件扣 3 分；<br>损坏元件　扣 10 分 | |
| 布线接线 | 按图布线、接线；<br>布线正确合理；<br>接线牢靠，编号正确 | 30 | 不按图接线　扣 20 分；<br>布线不合理，接线松动、压绝缘层、露铜过长等　每处扣 50 分；<br>编号错误　每处扣 5 分 | |
| 通电校验 | 一次通电成功 | 20 | 熔体规格选错　扣 10 分；<br>热继电器未整定或错误　扣 10 分；<br>通电不成功　扣 10～20 分 | |
| 故障分析 | 根据故障现象，正确分析故障最小范围 | 20 | 不能画出最短的故障线路　每个扣 10～20 分；<br>标错故障点　每点扣 20 分 | |
| 故障排除 | 正确、迅速排除人为设置故障 | 20 | 查不出故障，查出故障、但不能排除　每处扣 5～10 分；<br>扩大故障　每次扣 30 分；<br>排除方法不正确　每次扣 10 分 | |
| 安全生产、遵守规程 | | | 违者、酌情扣分；重者、停训 | |
| 考核形式 | 时限型 | 教师签字 | | 总分 | |

# 参考文献

[1] 张盖楚. 电工基本操作技能. 北京：金盾出版社，2008.

[2] 杨清学. 电子装配工艺. 北京：电子工业出版社，2006.

[3] 曾祥富. 电工技能与训练. 北京：高等教育出版社，2008.

[4] 任致程. 万用表测试电工电子元件 300 例. 北京：机械工业出版社，2006.

[5] 林平勇，高篙. 电工电子技术. 北京：高等教育出版社，2000.

[6] 张仁醒. 电工技能实训基础. 西安：西安电子科技大学出版社，2006.

[7] 高峰. 维修电工基本技能实训. 北京：中国电力出版社，2014.